JN116835

Excel と数学ソフトで学ぶ AI 時代の基礎数学

濱 道生 著

晃 洋 書 房

は じ め に

1　本書の目的

1.1　AI 時代は数理・統計を身に着けた総合型人材が求められる時代

　AI・データサイエンスは，社会のあらゆる分野に影響を与えつつあり，ビジネスにおいても自分の専門（担当）分野に AI・データサイエンスを活用することが求められつつある．AI・データサイエンスは，数理・統計・情報の 3 つの学問領域をその基礎としている．従って AI 時代には，文系であっても数理・統計・情報の知識を身につけた総合型の幅広い教養ある人材が求められるのである．

　日本では従来，文系・理系に学問分野を大別し，私立大学の入試では数学が必須かどうかで文理を分けることが行われてきた．そのため，文系には数学不要との考えを持っている人が少なくない．しかし，この考えは AI 時代においては時代遅れになる．

　数学や統計は理系科目ではなく，数量を扱う全ての学問分野で利用される道具である．道具としての語学や情報が文理共通科目であるのと同様，道具としての数学や統計も文理共通科目である．本書は，数学はビジネスパーソンの道具であるとの立場から，AI・データサイエンスと社会科学を学ぶために必要な数学的基礎知識を提供することを目指している．

1.2　高校数学と大学の数学を繋ぐ

　大学で経営学・経済学や AI・データサイエンスを学ぶためには，微積分や線形代数（ベクトル・行列）および統計の知識が必要である．しかし高等学校においては一部の単元を省略している場合がある．本書は高校数学と大学で学ぶ数学との接続を意識し，高校数学の内容からスタートして大学での数学にスムーズにステップアップすることを目指している．

2　本書の特徴

(1) 付録で，Word の数式エディタや数学のための Excel 利用法，数学ソフトによる文字式の計算，関数グラフィックスツールによる関数のグラフ描画等を

説明している．アプリケーションソフトを活用することにより，数学を学ぶためのハードルが低くなる．

(2) 数学が苦手な学習者にみられる誤答例を示して正答例と対比させることにより，自分の誤りを正せるよう工夫している．

(3) 公式の厳密な証明より直観的理解を優先している．

(4) 例題・問題はごく基本的な易しいものとしている．

(5) 数列は利率計算を中心に記述し，割引計算やローン等，実社会で役立つ数学の知識と Excel による計算法を示している．数列の章以外でも，具体例を示すことで，数学がどんな場面で役立つのかを考えられるよう工夫している．

(6) 線形代数（ベクトル・行列）は高等学校での学習状況に配慮してごく初歩から説明を始めている．線形代数はデータサイエンスにおいて非常に重要な分野である．

(7) 記述法はビジネスライティングの各種技法を援用している．例えば各章・節の冒頭にある概要を一読することで，その章・節を読む必要があるかどうかを判断できる．なお，短い節・項や，タイトルが内容の要約になっている場合は節・項概要を省略している場合がある．

　本書は拙著『Excel で学ぶ社会科学系の基礎数学　第 2 版』に 20 以上の節・項を追加し，データサイエンス・AI を学ぶための加筆を多く行った．一方で，構成や記述を整理し，多くの章・節を削除している．そのため「第 3 版」ではなく，新たな書籍として出版したものである．

謝　辞

　本書は，私の担当してきた講義の受講生諸君とのやりとりを活かして執筆されている．学生諸君にお礼を申し上げたい．

　本書執筆にあたり，晃洋書房の丸井清泰氏には大変お世話になった．また，表紙は，高校時代の同級生であるグラフィックデザイナー加藤剛三氏にデザインしていただいた．前田利之教授・石田信彦博士には，原稿や校正刷をお読みいただき，貴重なご意見を頂戴した．4 氏に厚くお礼を申し上げる．

　　2022 年 6 月

　　　　　　　　　　　　　　　　　　　　　　　　濱　　道生

目　　　次

は じ め に

第 *1* 章 数学の基礎的事項と復習

この章では，主として高校1年次以前に学んだ数学の基本的な事柄
のうち，第3章以下で学ぶための基礎となる事柄を簡潔に復習する．

1.1 演算子とその優先順位

演算子の優先順位とその理由について学ぶ．乗除算は新しい単位を作り
出す演算なので，加減算に優先する．

加減乗除べき乗の演算子は，以下のように優先順位が決まっている．
- (1) べき（累）乗
- (2) 乗除
- (3) 加減

冪（べき）乗と累乗は同じ意味であるが，本書ではべき乗と書くことにする．

コラム 1-1　冪（べき）乗と累乗

　同じ数を繰り返し掛け合わせることを冪乗と言うが，高校数学ではこれを累乗
と言い換えている．しかし，降べき順・昇べき順・冪級数・冪集合等，「冪」を
「累」に言い換えることができない用語が多い．本書では混乱を避けるため，
「冪」または「べき」を用いる．なお，冪の略字として「巾」も使われる．これ
は和算で既に使われていた略字である．

　計算の順序を変更したい場合は括弧を使う．括弧に囲まれた式は，優先的に
計算を行う．
　以下に，乗除算は加減算に優先し，べき乗が乗除算に優先する理由を説明する．
　乗算（および除算）は新しい単位（次元）を作り出す演算であり，加減算は同
じ単位（次元）同士でのみ実行可能な演算である．このため，乗除算は加減算
に優先する．これを次の例で考えよう．

面積 10 m² の土地と，一辺 5 m の正方形の土地の合計面積を求める式は，

$$10 + 5 \times 5$$

であるが，これを，

$$10 + 5 = 15$$
$$15 \times 5 = 75$$

と計算することはできない．なぜなら，10 は長さの二乗の次元（面積），5 は長さの次元であり，次元（単位）が違うものを足すことはできないからである．掛け算を優先し，5×5（m²）として面積の次元にして初めて 10（m²）と足し算を行うことができる．

　べき乗が乗除算に優先する理由も新しい単位（次元）を作り出す演算だからである．これを次の例で考えよう．

　高さ 10 m で底面が一辺 3 m の正方形であるような直方体の体積を求める式は，

$$10 \times 3^2$$

であるが，べき乗を優先させずに，

$$10 \times 3 = 30$$
$$30^2 = 900$$

と計算することはできない．なぜなら，$10 \times 3 = 30$ は長さの二乗（面積）の次元を持ち，それをさらに二乗すれば 30^2 は長さの四乗の次元となり，長さの三乗（体積）の次元ではなくなるからである．

　なお，表計算ソフトやプログラム言語では，乗算（掛け算）を "∗"，除算（割り算）を "／" で表すことが多い．

　実数に対しては，乗算の交換則 $a \times b = b \times a$ が成り立つ．よって，掛け算において掛ける順序を問題にするのは無意味である．これは単位を付けて計算すると理解しやすい．例えば，リンゴが 2 個乗っている皿が 3 皿ある場合，リンゴの総数は，

$$2[個／皿] \times 3[皿] = 3[皿] \times 2[個／皿] = 6[個]$$

順序を交換しても，上式の単位は「個」である．

1.2 割り算と分数・分数式

> 成長率と市場シェアの定義を学ぶ. また, MS-Excel 等で数式を表現する場合, 注意が必要な割り算・割合の表記と計算法について学ぶ.

成長率 (伸び率) や市場シェア (市場占有率) など, 割り算や割合を使って表現される経済・経営指標は多い.

基準年と注目年の間における, ある経済指標の成長率 (伸び率) は,

$$\frac{\text{注目年の値}-\text{基準年の値}}{\text{基準年の値}}=\frac{\text{注目年の値}}{\text{基準年の値}}-1 \tag{1.1}$$

で定義される. 例えば, ある業種の基準年の市場規模が 100, 次年度の市場規模が 120 であったとき, その業種の市場規模の成長率は次のようになる.

$$\frac{120}{100}-1=0.2 \ (20\,\%)$$

なお, 売上が 2 倍になった場合の成長率は, 基準年の売上が 100 とすると, 以下のように 100 % である.

$$\frac{200}{100}-1=1 \ (100\,\%)$$

「売上が 2 倍になったから成長率は 200 %」ではないことに注意されたい.

ある商品・サービス市場におけるある企業のシェア (市場占有率) は,

$$\frac{\text{ある企業の売上高や生産台数}}{\text{市場全体の売上高や生産台数}} \tag{1.2}$$

で定義される. 例えば, ある商品ジャンルについて全メーカー売上合計が 100, このうち A 社の売上が 30 であったとき, A 社のシェアは次のようになる.

$$\frac{30}{100}=0.3 \ (30\,\%)$$

分数においては, 分母・分子にある式の計算は, 横棒で表される除算よりも優先される. しかし割り算や分数が "/" で表されている場合, 計算を誤りや

すいので，表計算ソフトやプログラミングで除算を行う場合は注意する必要がある.

　横棒で表現されている分数（式）のうち，分母・分子に式が含まれる分数（式）や除数に分数が含まれる式を"／"を使った表現に変える場合は，

　　「分母・分子に含まれる式に括弧を付ける」

と覚えるとよい．また，プログラミングや表計算ソフトを使う場合以外は，除算は"÷"で表したり，横棒を使った分数の形で表すと間違いの予防になる.

例題 1-1　次の分数を"／"を使った表現に書き換え，式の計算を行え．掛け算は"＊"を使った表現に変えること.

(1) $\dfrac{1}{2+3}$　　(2) $\dfrac{1+2}{3}$　　(3) $\dfrac{6}{2\times3}$　　(4) $1\div\dfrac{1}{2}$

[誤答例]

(1)　この式を，

$$1/2+3$$

と書くとこれは，除算が加算より優先するため，

$$\frac{1}{2}+3$$

を意味し，誤りである.

(2)　この式を

$$1+2/3$$

と書くとこれは，除算が加算より優先するため

$$1+\frac{2}{3}$$

を意味し，誤りである.

(3)　この式を $6/2*3$ と書くとこれは，

$$\frac{6}{2} \times 3 = 3 \times 3 = 9$$

を意味し，誤りである．

(4) この式を 1/1/2 と書くとこれは，

$$1 \div 1 \div 2 = 1 \div 2 = 1/2$$

を意味し，誤りである．

[解]

(1) $1/(2+3) = 1/5$　　(2) $(1+2)/3 = 1$　　(3) $6/(2*3) = 1$　　(4) $1/(1/2) = 2$

例題 1-2　市場がA社とB社で独占されており，A社の売上高が30，B社の売上高が70であったときのA社のシェアを，横棒による分数表現で表し，次にそれを "/" による分数表現に書き換えよ．

[解]

$$\frac{30}{30+70} = 30/(30+70)$$

[誤答例]

上式の右辺を，

$$30/30 + 70$$

と書くとこれは，

$$\frac{30}{30} + 70 = 71 \ (7100\,\%)$$

を意味し，誤りである（そもそも，市場占有率が 100 ％を超えることはありえない）．

問題 1-1　次の値を，横棒による分数で表せ．

(1) 基準年の市場規模が50，次年度の市場規模が150に3倍化したときの1年間の成長率．

(2) ある年の調査では 35〜39 歳の未婚率が 30 ％であったのに対して 5 年後の 40〜44 歳は 27 ％であった．上記の未婚者のうちで 5 年後に結婚できたのは何％か．

問題 1-2　次の式を横棒の分数に書き換え，式の値を求めよ．

(1) 1/2＋3/4　　(2) 1/2＊3/4　　(3) 4/3−1　　(4) 2/3＊2　　(5) 1/2/3

問題 1-3　次の分数の計算式を，掛け算を "＊"，割り算を "／" に直した式に書き換えよ．

(1) $\dfrac{4}{3-1}$　　(2) $\dfrac{3+5}{4}$　　(3) $\dfrac{1}{2}\times\dfrac{3}{4}$　　(4) $\dfrac{2}{3\times2}$　　(5) $\dfrac{1}{2}\div\dfrac{3}{4}$

多項式/多項式の形で表わされる式を分数式という．分数式は分数と同様，同じ数を分母と分子に乗除算を行っても式の値は変わらない．すなわち，A，B，C を多項式として，

$$\frac{A}{B}=\frac{A\times C}{B\times C}=\frac{A\div C}{B\div C}\quad (B,\ C\neq0)$$

分数と同様，分数式においても，分母分子を共通因子で割ることを約分という．例えば，

$$\frac{x^2+2x+1}{x+1}=\frac{(x+1)^2}{x+1}=x+1$$

分数の加減は，分母が異なる場合は通分を行った後で分子の加減を行うが，分数式でも同様に通分を行う．例えば，

$$\frac{2}{x+1}+\frac{1}{x-1}=\frac{2(x-1)+x+1}{(x+1)(x-1)}=\frac{3x-1}{(x+1)(x-1)}$$

問題 1-4　次の計算を行え．

(1) $\dfrac{1}{x-1}+\dfrac{x}{x+1}$　　(2) $\dfrac{1}{x-1}\div\dfrac{x}{x-1}$　　(3) $\dfrac{2xy^2}{4x^2y}$

　分数の中で，$\dfrac{1}{\frac{2}{3}}$ のように，分母または分子に分数が含まれるものを繁分数という．繁分数においては，横棒の長短を明確に書いて間違いを防ぐとよい．繁分数は，平均速度や統計量を計算する場合にも現れる．

　繁分数を簡単にするには，分母・分子に含まれる分数の分母の最小公倍数（または分母の逆数）を掛けて分母・分子を整数にすればよい．例えば，

$$\frac{\frac{1}{4}}{\frac{2}{3}}=\frac{\frac{1}{4}\times 12}{\frac{2}{3}\times 12}=\frac{3}{8}$$

　横棒を使って表現された繁分数を " / " を使った式に書き換える場合，分母にある分数は括弧を付ける必要がある．例えば，

$$\frac{\frac{1}{2}}{3}=1/(2/3)$$

問題 1-5　次の式を簡単にせよ．

(1)　$\dfrac{2}{\frac{2}{3}}$　　　　(2)　$\dfrac{\frac{1}{2}}{\frac{3}{4}}$　　　　(3)　$\dfrac{\frac{2a}{b^2}}{\frac{a^2}{3b}}$

問題 1-6　上の問題を " / " を用いた形にそれぞれ書き換えよ．

1.3　式の展開と因数分解の公式

$$(a+b)(c+d)=ac+bc+bd+da$$
$$(a+b)(a-b)=a^2-b^2$$
$$(a\pm b)^2=a^2\pm 2ab+b^2$$
$$(a\pm b)^3=a^3\pm 3a^2b+3ab^2\pm b^3$$
$$(a\pm b)(a^2\mp ab+b^2)=a^3\pm b^3$$

1.4 指　　数

| 指数とその演算則を示す.

a を n 回掛け合わせたものを a の n 乗といい, a^n と書き, n をその指数という. ただし, $a \neq 0$ とする.

$a \neq 0$, $b \neq 0$ のとき, m, n を整数とすると, 次の式が成り立つ. 以下の式のうち, 式(1.5)～(1.8)を指数法則という.

$$a^0 = 1 \tag{1.3}$$

$$a^{-m} = \frac{1}{a^m} \tag{1.4}$$

$$a^m a^n = a^{m+n} \tag{1.5}$$

$$a^m \div a^n = \frac{a^m}{a^n} = a^{m-n} \tag{1.6}$$

$$(a^m)^n = a^{mn} \tag{1.7}$$

$$(ab)^n = a^n b^n \tag{1.8}$$

$$\left(\frac{a}{b}\right)^n = \frac{a^n}{b^n} \tag{1.9}$$

以下, (1.3)～(1.9)について説明する.

まず式(1.5)を示す. べき乗同士の掛け算を考えよう. 例えば,

$$a^2 a^3 = (aa) \times (aaa) = a^5$$

であるがこれは,

$$a^2 a^3 = a^{2+3} = a^5$$

と指数の和によって計算できる. 一般には次のようになる.

$$a^m a^n = \underbrace{a \times a \times \cdots \times a}_{m \text{個}} \times \underbrace{a \times a \times \cdots \times a}_{n \text{個}} = a^{m+n} \tag{1.5}$$

次に, 式(1.3), (1.4)を示す. 式(1.5)で $n=0$ とすると,

$$a^m a^0 = a^{m+0} = a^m$$

であるから

$$a^0 = 1 \tag{1.3}$$

また，式(1.5)で $n = -m$ とすると，

$$a^m a^{-m} = a^{m-m} = a^0 = 1$$

であるから

$$a^{-m} = \frac{1}{a^m} \tag{1.4}$$

　式(1.6)を示す．べき乗同士の割り算については，式(1.4)を使えば，

$$a^m \div a^n = a^m \times \frac{1}{a^n} = a^m a^{-n} = a^{m-n} \tag{1.6}$$

　式(1.7)を示す．べき乗のさらにべき乗について考えよう．例えば，

$$(a^2)^3 = a^2 a^2 a^2 = a^6$$

であるがこれは，

$$(a^2)^3 = a^{2 \times 3} = a^6$$

と指数の掛け算によって計算できる．一般には，式(1.5)を使うことで次のようになる．

$$(a^m)^n = \underbrace{a^m \times a^m \times \cdots \times a^m}_{n \text{個}} = a^{mn} \tag{1.7}$$

　式(1.8)を示す．積のべき乗について考えよう．例えば，

$$(ab)^2 = (ab) \times (ab) = aabb = a^2 b^2$$

である．一般には次のようになる．

$$(ab)^n = \underbrace{ab \times ab \times \cdots \times ab}_{n \text{個}}$$

$$= \underbrace{a \times a \times \cdots \times a}_{n \text{個}} \times \underbrace{b \times b \times \cdots \times b}_{n \text{個}}$$

$$= a^n b^n \tag{1.8}$$

式(1.9)を示す．式(1.8)において $b \neq 0$ として，b を $\dfrac{1}{b}$ に置き換えれば，

$$\left(\frac{a}{b}\right)^n = \frac{a^n}{b^n} \tag{1.9}$$

問題 1-7　次は 2^n と 2^{-n} の数表である．空欄を埋めよ．

n	-3	-2	-1	0	1	2	3
2^n	(1)	(2)	(3)	(4)	2	4	8
2^{-n}	8	4	2	(5)	(6)	(7)	(8)

問題 1-8　次の計算を行え．なお，分数は既約分数で表せ．

(1) 10^{-3} 　　(2) 3^{-4} 　　(3) $a^2 a^3$ 　　(4) $a^5 a^{-3}$ 　　(5) $a^2 a^{-3}$

(6) $a^3 \div a^4$ 　　(7) $(a^2)^3$ 　　(8) $(a^{-2})^3$ 　　(9) $\dfrac{a^{-2}}{a^3}$ 　　(10) $\dfrac{1}{a^{-4}}$

(11) $\left(\dfrac{1}{a}\right)^{-2}$ 　　(12) $\left(\dfrac{a^2}{b}\right)^2$ 　　(13) $(a^{-1}b^2)^3$ 　　(14) $(a^3 b^{-2})(a^{-5}b^2)$

コラム 1-2　$2^0 = 0$?

指数の計算において，
$$2^0 = 0$$
$$2^{-1} = -2$$
などとする誤答が時折見かけられる．これは，べき乗を掛け算と混同しているために起こる誤りである．問題 1-7 の数表を作り，法則性を確認できれば，$2^0 = 1$，$2^{-1} = \dfrac{1}{2}$ となることが容易に理解できるであろう．

1.5　等号と等式

┃ 等号は複数の意味で使われる.

等号は左辺と右辺が等価であることを示す記号である.

例：$2+3=5$

ただし，C言語やPerl等のプログラム言語においては，等価を表す記号は"=="である.

等式は，左辺と右辺に同じ数を加減乗除しても成り立つ. すなわち，

$$a=b$$

のとき，

$$a \pm c = b \pm c$$
$$ac = bc$$
$$\frac{a}{c} = \frac{b}{c} \quad (c \neq 0)$$
$$a^n = b^n$$

文字を含む式においては，等号はいくつかの意味で使われている. 以下，恒等式，方程式，定義，代入について説明する.

(1)　恒等式

恒等式においては，両辺に現れる文字がどんな数値を取っても成り立つ. 公式として利用されるもの等，式変形は恒等式である. 特に恒等式であることを示す場合は，"≡"が使われることがある.

例：$x+2 \equiv 2+x$

上の式では，"="を用いても問題ない.

(2)　方程式

方程式においては，未知数がある値を取るときだけ等号が成り立つ.

例：$x+2=0$

⑶　定義

　左辺を右辺と定義するとき，等号が使われる．

　　　例：$A=x^2$ とおく．

なお，定義 (definition) を示す場合，"$\equiv$" や "$\stackrel{d}{=}$"，"$\stackrel{def}{=}$" が使われることもある．

⑷　代入

　右辺の値を左辺の変数に代入するとき，等号が使われる．

　　　例：$a=2$

等号を，右辺の値を左辺の変数に代入する意味で使うのは，情報処理の分野では広く見られる．プログラム言語で等号を代入演算子として用いているものとして，C言語，Perl，Fortran などがある．例えば，

　　$a=a+1$

は，変数 a に1加えた結果の値を改めて変数 a に代入することを意味する．恒等式や方程式としては上式は成立しない．

　Excelでセルに式を入力するとき，冒頭に "$=$" を付けて数式であることを示す．例えば，

　　　"$=A1+1$"

は，カレントセルに，A1 に1加えた値を代入する，という意味である．

コラム1-3　等号・不等号の誤った使用例

　一次方程式や一次不等式を解く際，次のようにする誤答がしばしば見られる．例えば方程式 $2x-4=0$ の場合，

　　　$2x-4=0=2x=4=x=2$

とするものがある．これは $0=2x$ と $4=x$ を主張しており，意味不明である．正しくは以下のように書く．

$$2x-4=0$$
$$2x=4$$
$$x=2$$

また不等式 $2x-4>0$ の場合,

$$2x-4>0=2x>4=x>2$$

とするものがある. これは $0>2$ を主張しており, 意味不明である. 正しくは以下のように書く.

$$2x-4>0$$
$$2x>4$$
$$x>2$$

1.6　不等号と不等式

❘ 不等式は数直線で考える.

不等号 "$>$" は左辺が右辺より大きいことを示す記号である. "$<$" についても同様である.

"$\geqq$" は左辺は右辺より大きいか, または左辺と右辺は等しいことを示す記号である. なお, "$\geqq$" と "$\geq$" は同じ意味である. "$\leq$" についても同様である.

不等号の向きは, 不等式の両辺に同じ数を足したり引いたりしても変わらない. 一方, 不等式の両辺に負の数を掛けたり割ったりしたとき, 不等号の向きが逆になる. これを以下の例で説明する.

2 と 1 の大小関係は,

$$2>1$$

である. 一方, 2 と 1 にそれぞれ -1 を掛けた -2 と -1 の大小関係は,

$$-2<-1$$

である. これは, 不等式 $2>1$ の両辺に -1 を掛けると不等号の向きが逆になることを意味している.

一元一次不等式は, 一元一次方程式と同様に, 未知数を含む項を左辺に, 定数項を右辺にまとめることで解くことができる.

例題 1-3　次の不等式を解け.
$$2(x-3)+1>0$$

［解］
$$2x-5>0$$
$$2x>5$$
$$x>\frac{5}{2}$$

問題 1-9　次の不等式を解け.

(1)　$\dfrac{2}{3}x+1\leqq3$　(2)　$-3x+1<2$　(3)　$2(x-1)\geqq4x+1$　(4)　$0.2x+1>3$

　不等式は，数直線上の範囲として表すと直感的理解を助ける．その場合，境界の数値が含まれる（等号を含む不等号）場合は黒丸で，含まれない場合は白丸で表す.

　連立不等式は，それぞれの不等式を解き，それらの共通範囲を求めることで解くことができる．共通範囲がない場合は解は存在しない.

　一変数の不等式を満たす範囲は数直線上に表されるので，連立不等式の共通範囲を求める際は，数直線を用いるとよい.

例題 1-4　次の連立不等式を解け.

(1)　$\begin{cases} 2x>-4 \\ 3x\leqq6 \end{cases}$　　　　　(2)　$\begin{cases} 2x>-4 \\ 3x\geqq6 \end{cases}$

［解］
(1)　第一式より $x>-2$，第二式より $x\leqq2$. この二式の共通範囲は $-2<x\leqq2$（図1）

(2)　第一式より $x>-2$，第二式より $x\geqq2$. この二式の共通範囲は $x\geqq2$（図2）

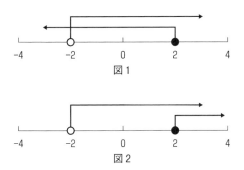

図1

図2

問題 1-10　次の連立不等式を解け.

(1) $\begin{cases} 2x < 3x + 2 \\ 2x \geq 3 \end{cases}$
(2) $\begin{cases} 3(x-1) \leq 2x + 1 \\ -3x < 2 \end{cases}$

1.7 等号・不等号以外の基本的な記号と括弧

"≠" は等号否定を意味し, 左辺と右辺とが等しくない (大小は問題にしない) ことを意味する. 情報処理では, 等号否定は "<>" や "!=" などで表される. Excel は "<>" を採用している.

"≅", "≈", "≒", "～" などは, 「ほぼ等しい」「近似的に等しい」などを意味する.

"≫" は, 左辺は右辺より十分大きいことを意味する. "≪" も同様である.

"∞" は無限大を表す.

"∝" は, 左辺は右辺に比例することを示す.

"$[a, b]$", "(a, b)" が x の区間を表すために用いられるとき, 前者は $a \leq x \leq b$ を, 後者は $a < x < b$ を表す. なお, "(a, b)" は座標やベクトルを表す際にも用いられる.

式の演算の順序を変更する目的で括弧が使われる. 数学で用いられる括弧には, 次の3種類がある.

　　( ) (round brackets, parentheses；丸括弧)

　　[ ] (square brackets；角括弧)

　　　{ } (braces, curly brackets；波括弧)

これらの括弧に優先順位を付けると３重までしか括弧を使えないことになる．括弧の種類が何であっても左括弧と右括弧が対応していれば十分なので，一種類の括弧だけで多重の括弧を表現しても混乱はなく，またその方が何重の括弧であっても表現できて合理的である．実際，コンピュータ言語ではそのように使われている．

　　[ ] はある数を超えない最大の整数や定積分等の意味で使われることがある．その場合，

　　　　$([\cdots]+[\cdots])^2$

のように，( ) が [ ] を囲うことがある．

1.8　連立一次方程式

　x, y を変数とする二元連立一次方程式の解法の方針は，未知数消去である．代入法は，x または y をもう１つの未知数で表すことで，片方の未知数を減らす．加減法は，ある数を掛けることによって x または y の係数を等しくし，２つの方程式の和または差を取ることによって係数の等しい未知数を消去する．

　[問題 1-11]　次の連立方程式を解け．(2)は $ad-bc$ の値によって場合分けせよ．

(1) $\begin{cases} x+y=4 \\ x-2y=3 \end{cases}$　　　　　　(2) $\begin{cases} ax+by=\alpha \\ cx+dy=\beta \end{cases}$

1.9　二次方程式

　二次方程式

　　　　$ax^2+bx+c=0 \quad (a \neq 0)$　　　　　　　　　　　(1.10)

が，

$$a(x-\alpha)(x-\beta)=0$$

と因数分解されるとき，根（解）は，

$$x=\alpha,\ \beta$$

式(1.10)の左辺は，次のように変形できる．

$$ax^2+bx+c=a\Big(x+\frac{b}{2a}\Big)^2-\frac{b^2-4ac}{4a} \tag{1.11}$$

二次方程式(1.10)において，

$$D=b^2-4ac \tag{1.12}$$

で定義される D を判別式という．

二次方程式(1.10)は判別式 D の値によって解の数が異なる．

(1)　$D>0$ のとき，方程式は2つの解を持ち，それは次の2実根である．

$$x=\frac{-b\pm\sqrt{b^2-4ac}}{2a} \tag{1.13}$$

これが二次方程式の一般解（根（解）の公式）である．

(2)　$D=0$ のとき，方程式の解は1つ（重根）で，

$$x=\frac{-b}{2a}$$

(3)　$D<0$ のとき，実数解はない．

問題 1-12　次の方程式には実根はあるか？　ある場合はそれを求めよ．

(1)　$x^2-5x+6=0$　　　　(2)　$2x^2+x-1=0$

(3)　$x^2-x+1=0$　　　　(4)　$2x^2+2x-3=0$

コラム 1-4 $\sqrt{4}=\pm 2$?

$\sqrt{4}=\pm 2$ とする誤答が時々ある．これは，方程式 $x^2=4$ の根が $x=\pm\sqrt{4}=\pm 2$ であることと混同しているものである．4の平方根には正負あるが，そのうちの正のものを $\sqrt{4}$ と書く．

一般に，$a>0$ のとき a の平方根のうち正のものを $\sqrt{a}$ と書く．

1.10 場合の数

順列（permutation）とは，2つ以上のものに順序を付けて一列に並べるものである．n 個のものを一列に並べる順列の個数は次のようになる．

$$n! = n(n-1)\cdots 2\cdot 1 \tag{1.14a}$$

これを n の階乗（factorial）という．例えば，

$$3! = 3\cdot 2\cdot 1 = 6$$
$$5! = 5\cdot 4\cdot 3\cdot 2\cdot 1 = 120$$

特に，

$$0! = 1 \tag{1.14b}$$

と定義する．

n 個のものから r 個取り出して一列に並べる順列の個数は $_nP_r$ で表され，

$$_nP_r = \frac{n!}{r!} = n(n-1)\cdots(n-r+1) \tag{1.15a}$$

である．特に $r=n$ のとき，

$$_nP_n = n! \tag{1.15b}$$

例えば，4人を一列に並べる並べ方は，

$$_4P_4 = 4! = 4\cdot 3\cdot 2\cdot 1 = 24 \text{ 通り}$$

4人から2人選んで一列に並べる並べ方は，

$$_4P_2 = 4 \cdot 3 = 12 \text{ 通り}$$

n 個のものから r 個取り出す組合せ (combination) の個数は，$_nC_r$ で表され，

$$_nC_r = \frac{n!}{(n-r)!r!} \tag{1.16}$$

である．例えば4人から2人選ぶ選び方は

$$_4C_2 = \frac{4!}{(4-2)!2!} = \frac{4 \cdot 3}{2 \cdot 1} = 6 \text{ 通り}$$

組合せについては，以下が成り立つ．

$$_nC_r = {}_nC_{n-r} \tag{1.17a}$$
$$_nC_0 = {}_nC_n = 1 \tag{1.17b}$$
$$_nC_1 = {}_nC_{n-1} = n \tag{1.17c}$$

問題 1-13　次の問に答えよ．

(1)　5! を計算せよ．

(2)　5人から2人を選んで一列に並べる順列の個数 $_5P_2$ を計算せよ．

(3)　5人から2人を選ぶ組合せの個数 $_5C_2$ を計算せよ．

スポーツ大会の運営にあたっては，予約が必要な会場数やスタッフの延べ人数等を知るためには試合数を求める必要がある．以下で試合数を求める問題を考えよう．

例題 1-5　10チームでリーグ戦を行うとき，開催される試合は全部で何試合か？

[解]

求める試合数は，10チームから2チームを取り出す組み合わせである．

$$_{10}C_2 = \frac{10!}{8!2!} = 45$$

一般に，n チームでリーグ戦を行うとき，開催される試合数は $_nC_2$ である．

例題 1-6　10 チームでトーナメント戦を行うとき，開催される試合は全部で何試合か？

[解]

　トーナメントは勝ち残り制であるため，1 試合につき 1 チームずつ消えていく．よって 1 度も負けない 1 チーム以外が全て消えるための試合数は，

$$10-1=9$$

　一般に，n チームでトーナメントを行うとき，トーナメントの方式によらず，開催される試合数は $n-1$ である．例えば 4 チームでトーナメントを行うとき，試合数は図 1-1a・図 1-1b のいずれの場合も $4-1=3$ 試合である．

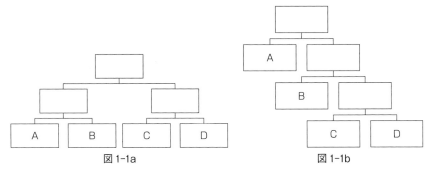

図 1-1a　　　　　　　　図 1-1b

【演習 1-1】　8 チームでトーナメントを行うとき，複数のトーナメント形式を考えて，試合数はいずれも $8-1=7$ であることを確認せよ．

1.11　確　　率

1.11.1　確率の基本

　確率（probability）の問題にはさいころ・コイン投げ・くじ引きの例が多いが，歴史的には確率論は賭け事の考察から生まれている．その意味で，確率論は極めて実利的なものである．

　「勝負事は，勝つか負けるか 2 つに 1 つ」と言う人がいるが，これでは思考停止である．確率論は，「勝つか負けるか」から一歩踏み込んで，勝つ割合が何％かまで考えるものである．

　確率論がビジネスに直接使われているものとして，保険がある．保険は人の不幸に伴う損害を確率・統計的に評価し，ビジネス化したものである．

　以下，確率の基本事項を説明していく．

　試行とは，さいころを投げる，くじを引くといった偶然に支配される行為・操作をいう．事象（event）とは，試行によって起こった結果（ある数の目が出る，当たりを引く等）をいう．

　ある事象が起こる確率 p は，次のようになる．

$$p = \frac{\text{ある事象が起こる場合の数}}{\text{全体の場合の数}} \tag{1.18}$$

例えば，さいころを 1 回投げたとき，全体の場合の数は 6 通り，そのうちで 1 の目が出る場合の数は 1 通りであるから，1 の目の出る確率は $\frac{1}{6}$ である．

　確率は負になることはなく，また 1 を超えることもないから，

$$0 \leq p \leq 1 \tag{1.19}$$

また，起こりうる事象の確率を全て足し合わせると 1 である．すなわち，起こりうる事象が全部で n 個あり，確率がそれぞれ p_1，p_2，$\cdots$，p_n であれば，

$$p_1 + p_2 + \cdots + p_n = 1 \tag{1.20}$$

例えば，さいころを 1 回投げたとき，k の目の出る確率を p_k とすると，

$$p_1 + p_2 + \cdots + p_6 = \frac{1}{6} + \frac{1}{6} + \cdots + \frac{1}{6} = 1$$

　積事象とは，事象 A と事象 B のどちらも起こることである．積事象を $A \cap B$ と書く（集合の記号 $\cap$，$\cup$ については第2章参照）．

　和事象とは，事象 A または事象 B（事象 A と事象 B の少なくとも一方）が起こることである．和事象を $A \cup B$ と書く．

　事象 X が起こる確率を $P(X)$ と書くと，

$$P(A \cup B) = P(A) + P(B) - P(A \cap B) \tag{1.21}$$

上式は，第2章図2-2，2-3 より直ちに理解できるであろう．

　排反事象は，同時には起こりえない事象のことで，そのような事象同士を互いに排反という．例えば，コイン1枚を投げるとき裏と表が同時に出ることはなく，さいころ1個を1回だけ投げるとき1の目と2の目が同時に出ることはない．このとき，1の目が出る事象と2の目が出る事象は互いに排反である．排反事象の場合，$P(A \cap B) = 0$ であるから，

$$P(A \cup B) = P(A) + P(B)$$

すなわち，排反事象の確率は，それぞれの事象が起こる確率の和である．例えば，さいころ1個を1回だけ投げるとき1の目または2の目が出る確率は，それぞれの目が出る確率を足して，$\frac{1}{6} + \frac{1}{6} = \frac{2}{6}$．

　余事象（complementary event）は，ある事象に対し，それ以外の事象をいう．例えば，さいころ1個を1回だけ投げるとき，1の目が出る事象に対し，1以外の目が出る事象が余事象である．事象 A の余事象は，$\overline{A}$ あるいは A^c などと書く．確率論における事象 A と余事象 $\overline{A}$ の関係は，集合論における集合 A と補集合 $\overline{A}$ の関係と同様である．

　ある事象の余事象の起こる確率は，1からある事象が起こる確率を引いたものである．例えば，さいころ1個を1回だけ投げるとき，1以外の目が出る事象が起こる確率は，$1 - \frac{1}{6}$ である．

　条件付き確率は，ある事柄 A が起こったときに事柄 B が起こる確率のことである．事象 A が起こる確率を $P(A)$，事象 A が起こったときに事象 B が起こる

確率を $P_A(B)$，事象 A と B が同時に起こる確率を $P(A \cap B)$ とすると，

$$P(A \cap B) = P(A)P_A(B) \tag{1.22a}$$

よって条件付き確率 $P_A(B)$ を求める式は，

$$P_A(B) = \frac{P(A \cap B)}{P(A)} \tag{1.22b}$$

　条件付き確率の具体例を挙げよう．5 本中 2 本の当たりがあるくじを A，B の 2 人がこの順番でくじを引き，引いたくじは元に戻さないとしよう．A が当たる確率 $P(A)$ は $\frac{2}{5}$ である．A が当たったとき B が当たる確率 $P_A(B)$ は，A が引いて残った 4 本の中から 1 本のくじが当たる確率であるから $\frac{1}{4}$ である．A が当たりかつ B が当たる確率 $P(A \cap B)$ は，$\frac{2}{5} \times \frac{1}{4}$ である．

$$\frac{\frac{2}{5} \times \frac{1}{4}}{\frac{2}{5}} = \frac{1}{4}$$

であるから (1.22b) が成り立っている．
　独立事象とは，互いに影響し合うことがない 2 つの事象のことで，一方の事象が起こるか起こらないかが他方の確率に影響を与えない場合である．この場合，2 つの事象は互いに独立であるという．独立事象であれば式 (1.22a) において $P_A(B) = P(B)$ であるから，

$$P(A \cap B) = P(A)P(B)$$

すなわち，互いに独立な事象が同時に起こる確率は，それぞれの事象が起こる確率を掛け合わせたものである．
　独立事象が同時に起こる例を挙げよう．上のくじ引きで，引いたくじを元に戻すなら B が当たる確率は A が当たるかどうかには無関係であるから独立事象である．従って，2 人とも当たりくじを引く確率は，$\frac{2}{5} \times \frac{2}{5}$ となる．

くじを引く順番による有利・不利はないことを示しておこう.

5本中2本の当たりがあるくじをA，Bの2人が引く場合を考える．Aが最初にくじを引いて当たる確率は $\frac{2}{5}$ である．一方，Bが先にくじを引いた後，Aがくじを引いて当たるのは，

(1) Bが当たりで，Aも当たりである場合
(2) Bが外れで，Aが当たりである場合

の2通りである．これらは互いに排反である．

(1)については，Bが当たる確率は $\frac{2}{5}$ で，残り4本のうち当たりは1本であるから，Bが当たりでかつAも当たりの確率は $\frac{2}{5} \times \frac{1}{4} = \frac{1}{10}$ である．

(2)については，Bが外れの確率は $\frac{3}{5}$ で残り4本のうち当たりは2本であるから，Bが外れでAが当たりの確率は $\frac{3}{5} \times \frac{2}{4} = \frac{3}{10}$ である．

(1)と(2)は排反であるから，Aが2番目にくじを引いて当たる確率は，(1)の確率と(2)の確率を足して，

$$\frac{1}{10} + \frac{3}{10} = \frac{4}{10} = \frac{2}{5}$$

つまり，Bが先にくじを引いた後でAがくじを引いて当たる確率は，Aが最初にくじを引いて当たる確率と等しい.

くじの本数と当たりの数，くじを引く人数を変えても結果は同じある．すなわち，くじを引く順番と当たりが出る確率とは関係がない.

くじを順番に引いた後，すぐにはくじを開かず全員がくじを引き終わってから一斉にくじを開いても，くじを引いた直後に1人ずつくじを開いても，くじに当たる確率は変わらない．このことから，くじを引く順番と当たりが出る確率とは関係がないことが容易に理解できるであろう.

よって，「くじを引く順番を決めるくじ引き」（予備抽選）には意味がない.

コラム 1-5　独立試行と独立事象

　2 つのさいころを同時に投げるとき，片方に 1 の目が出る事象 A と，もう片方に 2 の目が出る事象 B は独立である．この場合，$P(A \cap B) = P(A)P(B)$.
　1 つのさいころを投げるとき，1 の目が出る事象 A と，2 の目が出る事象 B は排反である．この場合，$P(A \cap B) = 0$.
　「『独立』は試行の独立に対して用いる」としている解説もあるが，事象においても「独立」は用いられる．

コラム 1-6　複数のさいころやコインが区別できる理由

　複数のさいころやコイン等を投げる問題で，「大小 2 つの」「白と黒の」等とそれぞれが区別できることを示すための属性が与えられることがある．しかし，このような属性が与えられなくてもそれぞれは区別できる．その理由は，我々が肉眼で見て扱うことができる物質は膨大な個数（アボガドロ数（6.02×10^{23} 個）程度）の分子の集まりであり，分子数や分子配列を完全に一致させることは不可能だからである．
　なおガリレイは賭博好きの貴族から，3 個のさいころを投げるときに目の和が 9 と 10 のどちらに賭けるのが有利か，と相談され，さいころはそれぞれ区別できるとして問題を解いた．当時は確率論の黎明期であったが，ガリレイの洞察の鋭さを示すエピソードである．

1.11.2　確率の具体例

例題 1-7　サッカーのペナルティキック（PK）を繰り返す場合，それぞれの PK は独立試行であり，成功率はいずれも 80％とする．PK を 5 回蹴るとき，以下の確率を求めよ．
(1)　5 回全て成功する確率
(2)　少なくとも 1 回失敗する確率

[解]
それぞれの PK は独立であると仮定されているため，以下のように求めることができる．

(1)　$0.8^5＝0.32768〜33\%$

(2)　余事象を考える.

少なくとも1回失敗する確率＝1－全て成功する確率＝$1-0.8^5〜0.673〜67\%$

例題1-8　40人のクラスで，誕生日が同じ人が少なくとも一組いる確率を求めよ.

[解]

余事象を考える.

誕生日が同じ人が少なくとも一組いる確率＝1－全員の誕生日が異なる確率である.

2人の誕生日が異なる確率は，二人目の誕生日は一人目の誕生日以外であればよいから $\dfrac{364}{365}$

3人の誕生日がいずれも異なる確率は，三人目の誕生日は一人目・二人目の誕生日以外であればよいから $\dfrac{364}{365}\cdot\dfrac{363}{365}$

以下同様に考えて，40人の誕生日がいずれも異なる確率は，

$$\frac{364}{365}\cdot\frac{363}{365}\cdots\frac{365-40+1}{365}=\frac{_{364}P_{39}}{365^{39}}〜0.10876819$$

よって

　　　　誕生日が同じ人が少なくとも一組いる確率$〜1-0.10876819=0.89$

一般に，n人の集団の中に誕生日が同じ人が少なくとも一組いる確率は，

$$1-\frac{_{364}P_{n-1}}{365^{n-1}} \tag{1.23}$$

である. 図1-2はこれを$n\leqq50$の範囲でグラフにしたものである.

クラスの中に誕生日が同じ人がいるのは非常に稀なことのように思えるが，実際には40人のクラスなら約9割の確率となる. この錯覚が起こるのは，自分と同じ誕生日の人がいる確率と，任意の組で誕生日が同じであればよい確率

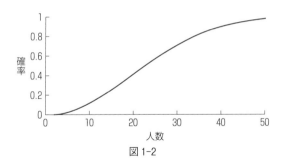

図 1-2

（例題 1-8）とを混同してしまうからである.

問題 1-14　ある受験生が，A 大学に合格する確率は 40 ％，B 大学には 30 ％，C 大学には 20 ％であるとする．この受験生が A ～ C の 3 大学全てを受験するとし，各大学の受験は他大学の受験には影響がないとする．以下の確率を求めよ．
(1)　全ての大学に不合格となる確率
(2)　少なくとも 1 つの大学に合格する確率

例題 1-9　ある非感染性の疾患について，罹患していれば 90 ％の確率で「陽性」と判定し，罹患していなくても「陽性」と判定する（偽陽性）確率は 10 ％の検査がある．この検査を 1000 人の従業員がいる会社で全員が受けるとき，陽性（要精密検査）と判定された人が実際に罹患している確率を求めよ．なお，国全体としてこの疾患に罹患している人の確率は 1 ％とし，この会社でもその確率は同じとする．

［解］
　1000 人のうち，罹患している人は 1000×0.01＝10 人であり，990 人は罹患していない．罹患状況と検査の陽性・陰性の人数を表にすると，**表 1** のようになる．
　従って，陽性であったため要精密検査になった人のうちで実際に罹患している確率は，

表1

	罹患	非罹患	計
陽性	9	99	108
陰性	1	891	892
計	10	990	1000

$$\frac{9}{108} \sim 0.083 \sim 8\,\%$$

なお，陰性であって実際に罹患していない人の確率は，

$$\frac{891}{892} \sim 0.9988 \sim 99.9\,\%$$

　ある病気の検査で陽性であることと，実際にその病気に罹患していることとはイコールではない．一見，罹患していれば90％の精度で陽性となる検査を受けて陽性であれば，90％の確率で罹患しているように思え，例題1-9の結果（実際に罹患している確率は約8％）は直感に反するように感じる．これは，罹患率が低い病気の場合，無差別に受検すると偽陽性が大量に発生するため，検査で陽性であることと実際に罹患していることとの乖離が大きく，陽性であっても実際には罹患していない人が大半であることに起因するものである．

　例題 1-10　人口１万人の町で，ある感染症に罹患している確率を1％とする．この感染症について，実際に感染していれば90％の確率で「陽性」と判定し，感染していなくても「陽性」と判定する確率が10％の検査がある．この検査を受けて陽性と判定された人が実際に感染者である確率と偽陽性の確率を，次の２つの場合について求めよ．
(1)　町民全員が検査を受けた場合．
(2)　その感染症特有の症状があったり，医師が必要と認めた人だけが検査を受けた場合．なお，この場合，検査を受けた人が実際に罹患している確率は20％とする．

[解]

表1

	感染	非感染	計
陽性	90	990	1080
陰性	10	8910	8920
計	100	9900	10000

(1)　例題1-9と同様に，感染の有無と検査の陽性・陰性の人数を表にすると，**表1**のようになる．例題1-9**表1**の結果と比較することにより，感染確率，および陰性であって実際に感染していない確率は，ともに例題1-9と同じである．

(2)　検査を受けた人（特有の症状があったり医師が必要と認めた人）の人数を n とする．感染の有無と検査の陽性・陰性の人数を表にすると，**表 2** のようになる．

表 2

	感染	非感染	計
陽性	$0.18n$	$0.08n$	$0.26n$
陰性	$0.02n$	$0.72n$	$0.74n$
計	$0.2n$	$0.8n$	n

従って，陽性になった人のうちで実際に感染している確率は

$$\frac{0.18n}{0.26n} \sim 0.692 \sim 69\,\%$$

例題 1-10 の結果は，無差別に検査を行うと偽陽性の確率が増加すること，その感染症特有の症状がある人や医師が必要と認めた人を対象として検査すると偽陽性の割合を抑えられることを意味している．

| 問題 1-15 |　例題 1-10(1)で，感染症に罹患している人の確率が 5 ％であるとして問題を解け．

コラム 1-7　偽陽性と実際の罹患

> 　健康診断等である疾患に対する簡易的な検査を行うと偽陽性が多くなるが，これは無駄な検査ではない．まず疑わしい集団を抽出し，その後に精密検査で実際に罹患しているかどうかを判定して早期発見・早期治療を目指すものである（なお，簡易検査では「陽性」ではなく，「要精密検査」と通知がある）．
>
> 　一方，パンデミックが発生した際は，自覚症状がなく，濃厚接触者ではなくても検査希望者が激増する．全員に検査を受けさせるかどうかは，有限な医療資源のうちのどの程度を検査に割り振るかの検討が必要になる．

第 2 章 集合と論理

この章では，集合と論理について学ぶ.

集合の知識は，効率的な情報検索を行う上で役立つ. 論理は判断やコミュニケーション技術の基礎でもある.

2.1 集合の基本事項

| 集合の基本事項を記す.

集合 (set) とは，「いくつかのものをひとまとめにして考えた"ものの集まり"」[15] のことである. ただし，「集まり」の範囲が明確で，あるものがそれに含まれるか否かが明確に定まっている必要がある.

集合に含まれるものを要素という. 要素 a が集合 A に含まれる場合，$a \in A$ と書き，要素 b は集合 A に含まれない場合，$b \notin A$ と書く.

図 2-1 は，集合 A が集合 B の部分集合 ($A \subset B$) であることを示す. 図 2-2 の斜線部は，集合 A と集合 B の積集合 ($A \cap B$) を示す. 積集合は共通部分とも言う. 図 2-3 の斜線部は，集合 A と集合 B の和集合 ($A \cup B$) を示す.

集合 A，B がそれぞれある条件 α，β で表されるとき，積集合 $A \cap B$ は，条件「α かつ β」で表される要素の集合である. 和集合 $A \cup B$ は，条件「α

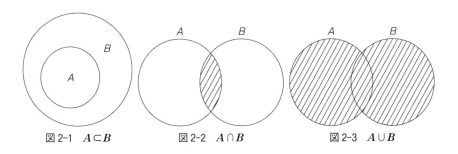

図2-1 $A \subset B$　　　図2-2 $A \cap B$　　　図2-3 $A \cup B$

または β」で表される要素の集合である.

コラム 2-1　「または」の意味

　日常用語で「AまたはB」は,「AとBのいずれか一方」と解釈される場合が多い. 一方, 数学において「AまたはB」は,「AとBのいずれか一方」だけでなく「AとBの両方」も含む.

　全体集合 (universal set) とは, ある集合Uがあり, Uの部分集合や要素だけを考える場合の集合Uをいう.

　補集合 (complementary set) とは, 全体集合Uの部分集合Aがあるとき, Uの要素の中でAに属さない要素の集合である (図2-4). 例えば集合Uを日本国民全体の集合, 集合Aを 20 歳以上の日本国民の集合とするとき, Aの補集合は20 歳未満の日本国民の集合である. 補集合は, $\overline{A}$ や A^c で表す.

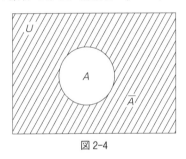

図 2-4

問題 2-1　Uを日本人全体の集合, Aは魚を週3回以上食べる人の集合, Bは肉を週3回以上食べる人の集合とする. 次の集合はどんな集合か答えよ.

(1)　$A \cap B$　　　(2)　$A \cup B$　　　(3)　$\overline{A}$　　　(4)　$\overline{A \cap B}$

(5)　$\overline{A \cup B}$　　　(6)　$\overline{A} \cap \overline{B}$　　　(7)　$\overline{A} \cup \overline{B}$　　　(8)　$A \cap \overline{B}$

集合 $A \cap B$ と $A \cup B$ の補集合について, 次のド・モルガンの法則が成り立つ.

$$\overline{A \cap B} = \overline{A} \cup \overline{B} \tag{2.1a}$$

$$\overline{A \cup B} = \overline{A} \cap \overline{B} \tag{2.1b}$$

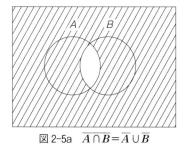

図 2-5a　$\overline{A \cap B} = \overline{A} \cup \overline{B}$

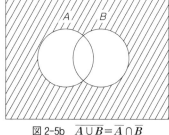

図 2-5b　$\overline{A \cup B} = \overline{A} \cap \overline{B}$

ド・モルガンの法則は，図 2-5a，b より簡単に確かめられる．

コラム 2-2　情報検索と集合

　インターネットにおいて，キーワード A，B を含むページの集合を単に A，B と書くことにする．キーワード A とキーワード B を並べて検索操作を行うと 2 つのキーワードを両方含むページが示されるが，これは集合 A と集合 B の積集合 $A \cap B$ を求めたことになる．この検索法を AND 検索という．

　キーワード B を含まないページを検索することもできる．これは集合 B の補集合 $\overline{B}$ を求めることである．これを NOT 検索という．Yahoo!検索や Google 検索においては，除きたいキーワードの前に "–" を付けることで NOT 検索を行うことができる．また，「条件指定」(Yahoo!) や「検索オプション」(google) から除きたいキーワードを指定することで NOT 検索を行うこともできる．

2.2　命題と集合

> 命題について，集合や情報処理と関連づけながら学ぶ．この節で学ぶ事
> 柄は，論理的な思考とその表現のための基礎となる．また，情報処理と
> も密接な関係がある．

2.2.1　命題と集合の包含関係

> 命題と集合の包含関係を対応づけることができる．また，必要条件・十
> 分条件，および反例について学ぶ．

　命題は，真偽を決定できる文章や式である．従って，

「$1+2=10$」

「太陽は地球の周りを回っている」

などは命題である．これらは正しくないが，正しくないことが決定できるため
命題である．これらは偽の命題である．一方，「女優は美しい」は「美しい」
を定義できないので命題ではない．

　命題が条件 p, q を用いて，「p ならば q」（または「$p \rightarrow q$」）と表されるとき，
p をこの命題の条件または仮定，q を結論という．

　人間の集合を P, 哺乳類の集合を Q とするとき，$P \subset Q$ の関係にある（図 2-6）．
これは「人間は哺乳類である」，あるいは「人間ならば哺乳類である」と言い
換えることができる．即ち，人間の集合は哺乳類の集合の部分集合であること
と，「人間ならば哺乳類である」いう命題とは同値である．

　一般に，全体集合を U, 条件（仮定）p に対応する集合を P, 条件（結論）q
に対応する集合を Q とすると，「p ならば q」と，$P \subset Q$ とは同値である（図 2-6）．

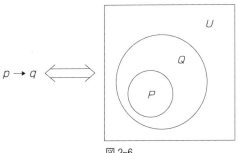

図 2-6

$$p \rightarrow q \Leftrightarrow P \subset Q \tag{2.2}$$

なお，"⇔"は同値を意味する論理記号である.

条件 p, q に対して，「pならばq」が成り立つとき，

　　qはpであるための必要条件
　　pはqであるための十分条件

であるという．これは，集合PとQの包含関係（図2-6）によって，

　　集合Pの要素であるためにはQの要素であることが必要
　　集合Qの要素であるためにはPの要素であれば十分

であることから，簡単に理解できる.

「pならばq」と「qならばp」がいずれも成り立つとき，pとqは同値であり，pはqであるための必要十分条件である．この場合，対応する集合P，Qについて，$P=Q$である.

命題「pならばq」が偽であることを証明するためには反例（pであるがqではないもの）を1つだけ示すだけでよい．反例が存在すれば，命題「pであるがqでない」が真となり，命題「pならばq」は偽となるからである.

　　問題 2-2 　次の命題が偽であることを，反例を挙げて示せ.

(1) $a<b$ ならば $a^2<b^2$ 　　　　(2) 哺乳類は胎生である

2.2.2 論理積と論理和

論理積は2つ以上の命題を「かつ」で結合したもの，論理和は「または」で結合したものである．論理積・論理和は，積集合・和集合と対応している.

2つの命題 p, q があるとき，p, q の論理積を「pかつq」あるいは，「$p \wedge q$」と書き，論理和を「pまたはq」あるいは「$p \vee q$」と書く.

条件 p, q が成り立つ要素の集合を P, Q とするとき，論理積 $p \wedge q$ が成り立つ要素の集合は，$P \cap Q$ である．また，論理和 $p \vee q$ が成り立つ要素の集合は，$P \cup Q$ である．論理積・論理和を表す記号"$\wedge$"，"$\vee$"は，積集合・和集合を表す記号"$\cap$"，"$\cup$"に対応している.

　論理積「p かつ q」は，p も q も真の場合のみ真（true）で，それ以外は偽（false）である．論理和「p または q」は，p か q の少なくとも一方が真であれば真で，p も q も偽の場合のみ偽である．

　条件の真偽に対して論理演算の結果（真偽）をまとめた表を真理値表という．論理積と論理和の真理値表を，**表 2-1a, 2-1b** に示す（Tは真，Fは偽を表す）．

　情報処理の分野では，条件が真であることを1で，偽であることを0で表すことがある．その場合，**表 2-1a, 2-1b** は**表 2-2a, 2-2b** のようになる．**表 2-2a** から，論理積「p かつ q」は1と0の掛け算（積）に対応し，**表 2-2b** から，論理和「p または q」は1と0の足し算（和）に対応することが分かる．

表 2-1a　p かつ q

p	q	p かつ q
T	T	T
T	F	F
F	T	F
F	F	F

表 2-1b　p または q

p	q	p または q
T	T	T
T	F	T
F	T	T
F	F	F

表 2-2a　p かつ q

p	q	p かつ q
1	1	1
1	0	0
0	1	0
0	0	0

表 2-2b　p または q

p	q	p または q
1	1	1
1	0	1
0	1	1
0	0	0

例題 2-1　次の不等式の真偽を答えよ．
(1)　$5 \geq 3$　　　　　　　　　　　　(2)　$3 \geq 3$

［解］
"$\geq$" は，「$>$ または $=$」の意味である．
(1)　$5 \geq 3$ は，論理和「$5 > 3$ または $5 = 3$」を意味する．$5 > 3$ は真であり，$5 = 3$ は偽である．従って，$5 \geq 3$ は真である．
(2)　「$3 > 3$」は偽であり，「$3 = 3$」は真である．従って，$3 \geq 3$ は真である．

2.3 否　　定

｜ 否定について，情報処理や文章表現と関係づけて学ぶ．

2.3.1 否　　定

条件 p の否定は $\overline{p}$ や $\lnot p$ などと書く．真の否定は偽，偽の否定は真である．条件 p の真偽に対して，その否定 $\overline{p}$ の結果を真理値表として**表 2-3a，b** に示した．表 2-3b は，表 2-3a で T を 1，F を 0 と書いたものである．

表 2-3a	
p	$\overline{p}$
T	F
F	T

表 2-3b	
p	$\overline{p}$
1	0
0	1

表 2-3b から分かるように，否定演算は，1 を 0 に，0 を 1 に変えることである．情報処理ではこれをビット反転と呼ぶ．ビット反転は，2 進数の補数を求める際利用される．ここで補数は，減算の際使われるものである．

一般に，二重否定は元の条件に戻る．すなわち，

$$\overline{\overline{p}}=p \quad (\lnot\lnot p=p) \tag{2.3}$$

否定命題は，情報処理において条件判断を行う場合に頻繁に現れる．

例題 2-2　成長率 r が正であれば "A"，負またはゼロであれば "B" と記す処理のフローチャートを描け．

なお，条件による分岐をフローチャートで表す場合，これ以降，"Y" は "Yes"，"N" は "No" の意味であるとする．

［誤答例］（図 1）

条件式 $r>0$ が成立しない（"No"）ことは，$r\leq 0$ と同値なので，$r>0$ の判定後さらに $r\leq 0$ かどうかを判定する必要はない．

なお，フローチャートにおいて条件判断を表す菱形の図形は，（条件成立の有無によって）少なくとも 2 つの出力が必要である．**図 1** は，$r\leq 0$ の条件判断か

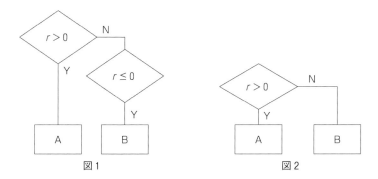

図1　　　　　　　　　　　　　図2

ら 1 つの出力しかない．この点でも**図 1** は誤りである．

[解]（図 2）

論理積・論理和の否定について，次の関係が成り立つ．

$$\overline{p \text{ かつ } q} \Leftrightarrow \overline{p} \text{ または } \overline{q} \quad (\overline{p \wedge q} \Leftrightarrow \overline{p} \vee \overline{q}) \tag{2.4a}$$

$$\overline{p \text{ または } q} \Leftrightarrow \overline{p} \text{ かつ } \overline{q} \quad (\overline{p \vee q} \Leftrightarrow \overline{p} \wedge \overline{q}) \tag{2.4b}$$

上の関係式は，全体集合を U，条件 p, q, $\overline{p}$, $\overline{q}$ を満たす集合を P, Q, $\overline{P}$, $\overline{Q}$ とすると，集合におけるド・モルガンの法則

$$\overline{P \cap Q} = \overline{P} \cup \overline{Q}$$

$$\overline{P \cup Q} = \overline{P} \cap \overline{Q}$$

より直ちに分かる．式(2.4a, b)もまたド・モルガンの法則という．

問題 2-3　次の条件の否定をいえ．

(1)　$0 < x < 5$　　　　　　　　(2)　$x > 8$ または $x < 5$

2.3.2　全称命題と存在命題

全称命題は全否定・全肯定で，存在命題は部分否定・一部肯定である．

全称命題とは，全ての P について Q である（ない）ことを主張する命題である．存在命題とは，P の中には Q である（でない）ものが存在することを主張する命題である．

全称命題と存在命題について，次の関係が成り立つ．

全称命題「全ての P について Q である（ない）」の否定

⇔ 存在命題「P の中には Q でない（ある）ものが存在する」

存在命題「P の中には Q である（でない）ものが存在する」の否定

⇔ 全称命題「全ての P は Q でない（である）」

例題 2-3　次の命題の否定を書け．(1)は存在命題の形式で，(2)は全称命題の形式で書け．

(1)　全称命題「全ての学生はアルバイトをしている」

(2)　存在命題「女性の中には虫が好きな人がいる」

［解］

(1)　否定は「全ての学生はアルバイトをしているわけではない」であるが，これは換言すると，「学生の中にはアルバイトをしていない人がいる」(存在命題)となる．

(2)　否定は「女性の中には虫が好きな人はいない」であるが，これは換言すると，「女性はみな，虫が好きではない」，あるいは「全ての女性は虫が好きではない」(全称命題)となる．

　上の例題の(1)で全称命題「全ての学生はアルバイトをしている」の否定が，全称命題「全ての学生はアルバイトをしていない」ではないことに注意されたい．「全て」の否定は全否定ではなく部分否定であることを想起すれば直ちに理解できるであろう．

　上の例題の(2)で存在命題「女性の中には虫を好きな人がいる」の否定が，存在命題「女性の中には虫が好きでない人がいる」ではないことに注意されたい．

　全称命題や存在命題は，日常の言語表現でも頻繁に用いられており，身近なものである．

問題 2-4　次の(1)〜(4)の否定を答えよ．

(1)　「女性は皆，甘い物が好きだ」

(2)　「文系の人は皆，数学が得意でない」

(3) 「大学生の中には勉強が好きでない人がいる」

(4) 「関西人は皆，たこ焼きが好きだ」

コラム 2-3　表現技術と論理

　文章を読むとき，二重否定は速やかな理解を妨げる．論理的には，二重否定は元の条件と同じであるから，特にビジネス文書においては，
　　「可能性が低くないわけではない」→「可能性が低い」
　　「リスクが高くないとは言えない」→「リスクが高い」
　　「反対意見がないわけではない」→「反対意見がある」
等と端的な言い方に書き改めることが望ましい．
　全称命題的表現のうち，「〇〇人は皆××である」「男（女）は皆〇〇である」等は，固定的・偏見的決めつけとして問題になることがあるので注意が必要である．なお，集合の包含関係を考えるなら，命題「p ならば q」と，全称命題「全ての p は q である」（全ての x について，x が p なら，x は q である）は，同じものである．従って，「男（女）は〇〇である」等は「全ての男（女）は〇〇である」等と述べるのと同じなので，固定的・偏見的な表現にならないよう注意する必要がある．

コラム 2-4　「嫌いじゃない」は「好き」じゃない

　感情に関連した事柄に「二重否定＝肯定」を機械的に当てはめると問題が起こる場合がある．例えば，「嫌いというわけではない」と「好き」とは異なる．これは，「好き」と「嫌い」とが相互に否定関係にあるのではなく，「好き」と「嫌い」の間に微妙な感情がいくつも存在するからである．

2.4　判断と論証

| 三段論法や，命題に対する逆・裏・対偶，および背理法について学ぶ．

2.4.1　三段論法

　　三段論法は，既知の事実または条件を組み合わせて論理的な結論を導く．
三段論法とは，「p ならば q」「q ならば r」の 2 つの命題が真であるとき，

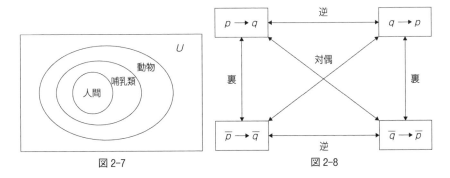

図 2-7

図 2-8

「pならばr」と結論づけるものである.

すなわち,

$$p \to q \to r \;\Rightarrow\; p \to r$$

　三段論法を集合の包含関係から説明しよう.人間,哺乳類,動物のそれぞれの集合を考えると,図 2-7 のように,人間⊂哺乳類⊂動物の関係にある（U は生物全体の集合である）.従って,人間⊂動物である.人間は全て動物の集合に含まれるので,これは「人間ならば動物である」と言い換えることができる.即ち,人間の集合は哺乳類の集合に含まれ,哺乳類の集合は動物の集合に含まれることと,「人間ならば動物である」いう命題とは同値である.これを論理の言葉で表すと以下のようになる.

　　「人間は哺乳類である」「哺乳類は動物である」「従って人間は動物である」

問題 2-5　次は三段論法として成立しているか？　成立していないならその理由を示せ.

「弱い犬はよく吠える.我が家の飼い犬のシロはよく吠える.よってシロは弱い犬である.」

なお,「弱い犬はよく吠える」「我が家の飼い犬のシロはよく吠える」は,いずれも真であるとする.

2.4.2　逆・裏・対偶

命題とその対偶命題とは同値である.

命題：p ならば q　（$p \rightarrow q$）

の逆，裏，対偶は以下である.

　　逆：q ならば p　（$q \rightarrow p$）
　　裏：p でないならば q でない（$\bar{p} \rightarrow \bar{q}$）
　　対偶：q でないならば p でない（$(\bar{q} \rightarrow \bar{p})$）

逆の裏は対偶，裏の逆も対偶である. 元の命題と，その逆・裏・対偶の関係を図 2-8 に示す.

　命題 $p \rightarrow q$ において，条件 p を満たすが結論 q を満たさない要素をこの命題の反例という. 反例が存在する命題は偽の命題である.

例題 2-4　命題「人間ならば動物である」の逆・裏・対偶とその真偽をそれぞれ書け. また偽の場合, 反例を示せ.

[解]

解は以下の表にまとめることができる.

	命題	真偽	反例
逆	動物ならば人間である	偽	猫
裏	人間でないならば動物でない	偽	猫
対偶	人間でないなら動物でない	真	

コラム 2-5　裏は必ずしも真ならず

　諺の「逆は必ずしも真ならず」は，元の命題が真であっても逆命題は真であるとは限らないことを言っている. 同様に，「裏は必ずしも真ならず」とも言える.

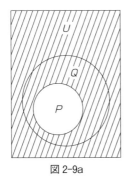

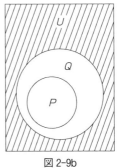

図 2-9a　　　　　　　　　　　　図 2-9b

　一般に，元の命題が真ならその対偶は常に真であり，元の命題が偽ならその対偶も常に偽である．すなわち，元の命題と対偶命題とは同値である．これを命題 p に対応する集合 P と，命題 q に対応する集合 Q の包含関係で示したのが図 2-9a, b である．$P \subset Q$ であるとき，図 2-9a に $\overline{P}$ を，図 2-9b に $\overline{Q}$ を斜線で示した．これから，$\overline{Q} \subset \overline{P}$ である．すなわち，

$$P \subset Q \Leftrightarrow \overline{Q} \subset \overline{P}$$

ある命題とその対偶とは同値であるから，命題の真偽を判定しにくい場合は，その命題の対偶を取ることで真偽判定の難易度が下がることがある．

　文章表現においても，「p でないなら q でない」は条件・結論ともに否定形でわかりにくいので，対偶を取って「q なら p」と言い換えると理解しやすくなる．

[問題 2-6]　命題「社交的な人は明るい」に対して，逆，裏，対偶をそれぞれ書け．

[問題 2-7]　命題「$x = 2$ なら $x^2 = 4$」の逆，裏，対偶をそれぞれ書け．また，それらの真偽をいえ．

　集合と論理に関する文章題は，就職試験でよく出題される．例えば次の例題のようなタイプの問題である．

例題 2-5　次の(a)〜(c)の条件から確実に言えることは，1 〜 5 のうちどれか？
- (a)　社交的な人は協調性がある
- (b)　他人の気持ちの分からない人は協調性がない
- (c)　協調的な人は営業に向いている

1　社交的な人は営業に向いている
2　営業に向いている人は協調性がある
3　協調性のある人は社交的だ
4　他人の気持ちの分からない人は営業に向いていない
5　社交的な人は他人の気持ちが分かる人だ

［解］

社交的であることを「社」，協調性があることを「協」，他人の気持ちが分かることを「気」，営業に向いていることを「営」と略記することにしよう．条件(a)〜(b)は次のように書ける．
- (a)　社→協
- (b)　$\overline{気}→\overline{協}$　この対偶を取って，協→気
- (c)　協→営

この 3 つを組み合わせることで，条件は次のようにまとめられる．

$$社 → 協 → 気$$
$$↓$$
$$営$$

三段論法により，
- (d)　「社→気」
- (e)　「社→営」

を得る．

次に 1 〜 5 の真偽を検討する．

1　(e)より真
2　偽
3　偽

コラム 2-6　ビジネスと論理的能力

　論理は就職時の採用試験における頻出分野であるが，それはビジネスで要求される論理的な能力を判定できる分野だからである．先入観や思い込みを排し客観的な条件からクールな判断ができるようになるためにも，契約書や規定を読みこなすためにも，論理的に明快なビジネス文書を書くためにも，この分野の学習が重視されるのである．

4　この命題を「気→営」と略記する．対偶をとって，「営→気」である．し
　　かしこれを支持する条件はない．よって偽.

5　(d)より真

| 問題 2-8 |　次の(a)〜(c)の条件から確実に言えることは，1 〜 3 のうちど
れか？

　　　(a)　数学が好きな人は論理的だ
　　　(b)　論理的でない人は将棋が好きではない
　　　(c)　論理的な人は恋愛小説が好きではない

1　数学が好きではない人は論理的でない
2　数学が好きではない人は恋愛小説が好きだ
3　棋が好きな人は恋愛小説が好きではない

2.4.3　背 理 法

　　**背理法は，ある命題を証明する際，その命題を否定することで矛盾を導
き，元の命題が正しいことを示すものである．**

　背理法は，

　　第1段階：証明したい命題に対してその否定命題を仮定する．
　　第2段階：その仮定から必然的に導かれる結果を示す．
　　第3段階：その結果が正しくない（矛盾が生じる）ことを示す．
　　第4段階：最初の仮定（否定命題）が間違いであり，証明したい命題が正
　　　　　　　しいことを述べる，

とする論法である．後述する例題 5-2, 例題 5-5 の誤答例では，誤りであるこ
とを示すために背理法を用いている．

　「あること」の証明は1つだけ例を示せばよい．しかし，「ないこと」の証明
はあらゆる場合を網羅する必要があるため，困難なことがある．その場合，背
理法を使えば比較的容易に証明できることがある．

　背理法と似た論法は，統計学において，データからある主張をすることが妥
当であるかどうかを調べる場合に用いられる．これは統計的検定と言われるも
ので，非常に重要な統計的手法である．

コラム 2-7　アリバイ

　アリバイ（現場不在証明）によって被疑者が犯人でないことを証明することは背理法の一種と考えることができる.

　ある事件と無関係であるのに被疑者となっている人が，犯行現場にはいなかったことを証明することは非常に難しい. そこでその代わりに，被疑者が事件発生時刻には別の場所にいたことを示し，被疑者は，犯行現場にいなかったことの証明とするのである.

コラム 2-8　不可能証明

　「○○は可能である（存在する）」ことの証明と「○○は不可能である（存在しない）」ことの証明を比べると，後者の方が格段に難しい. 前者は存在命題であり，たった 1 つでも例を示せばよい. しかし後者は全称命題であり，いかなる方法によっても不可能であることを証明しなければならない.

　無実の証明をできないことをもって犯人（有罪）であるとすることはできない. 事実が存在するかどうかが争われるときは，事実が存在することを主張する側が立証責任を負う. 事実が存在しないことを証明することは極めて困難だからである.

　数学において「○○は存在しない」ことが証明された例として，アーベルとガロアによる「5 次以上の方程式には一般解は存在しない」ことの証明がある. アーベルは 22 歳の年にこれを証明した. ガロアは 18-19 歳でこれを証明している. 2 人とも生前はその学問的業績を評価されないまま若くして世を去っている. 享年は，アーベル 26 歳，ガロア 20 歳である.

第3章 関数・方程式とグラフ

関数のグラフ，方程式と関数のグラフの関係について学ぶ．

3.1 関　　数

┃ 関数の基本事項を学ぶ．

　変数 x に対して変数 y の値がただ1つ定まるとき，y は x の関数（function）であるという．x を独立変数，y を従属変数という．

　y が x の関数であるとき，

$$y = f(x)$$

のように書く．ある関数を上式のように書くことを陽関数表示という．一方，同じ関数を

$$F(x,\ y) = 0$$

のように表すとき，これを陰関数表示という．例えば，$y = x+1$ は陽関数表示，$x-y+1=0$ は陰関数表示である．

　関数 $y = f(x)$ において，変数 x の取り得る値の範囲を定義域，y の取り得る値の範囲を値域という．値域のうちで最大のものを最大値，最小のものを最小値という．

　経済や経営の問題で用いられる関数では，変数の意味から定義域や値域が自ずと定まることがある．例えば，独立変数が価格（price）で従属変数が需要（demand）であるとき，価格も需要も正なので，この関数の定義域と値域はともに正である．

3.2　関数のグラフとグラフの平行移動・対称移動

｜ 関数のグラフの平行移動・対称移動やグラフ描画の基本事項を学ぶ.

　二次関数のグラフは放物線と呼ばれる．放物線は，地上から物体を投げたとき，物体の運動（放物運動）の軌跡である．図 3-1 に，$y=x^2$ のグラフを示す．

　放物線の対称軸は，単に軸とも呼ばれる．軸と放物線との交点は頂点と呼ばれる．放物線 $y=ax^2\,(a\neq0)$ の軸は y 軸，頂点は原点である．

　二次関数 $y=ax^2+bx+c\,(a\neq0)$ は，

$$p=-\frac{b}{2a},\ \ q=-\frac{b^2-4ac}{4a}$$

と置けば，次のように書ける．

$$y=a(x-p)^2+q$$

この放物線は，放物線 $y=ax^2$ を x 軸正方向に p，y 軸正方向に q だけ平行移動したものである（図 3-2）．ここで，$(x+p)$ ではなく $(x-p)$ となっていることに注意しよう．

　一般に，関数 $y=f(x-p)+q$ のグラフは，関数 $y=f(x)$ のグラフを x 軸正方向に p，y 軸正方向に q だけ平行移動したものである．

　座標平面において，グラフと座標軸との交点を切片という（図 3-3）．

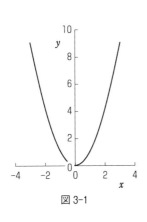

図 3-1

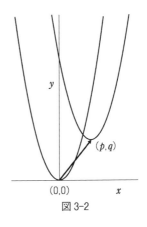

図 3-2

48

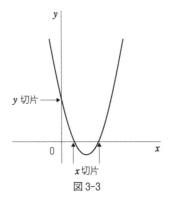

図 3-3

$y=f(x)$ の y 切片 y_0 は $x=0$ とおくことにより，$y_0=f(0)$ である．x 切片の求め方は 3.4 節で学ぶ．

コラム 3-1　アプリで関数グラフィックス，数学ソフトで文字式の計算

　関数のグラフは，関数グラフィックスツールや統合数学ソフトを用いると簡単に描くことができる．文字式の計算は数学ソフトで行うことができる．これらについては付録で利用法を紹介している．なお，Excel でも関数のグラフを描くことができるが，多くの場合，関数グラフィックスツールを利用する方が簡単である．Excel のソルバー機能を使うと，代数的には解が得られない方程式を数値的に解いたり，関数の最大値・最小値を数値的に求めることができる（ソルバー機能については，拙著『Excel で学ぶ社会科学系の基礎数学　第 2 版』5.4 節，5.6 節等を参照されたい）．

【演習 3-1】　$y=x^2$ と次の関数を同一グラフ上に描くことにより，それぞれのグラフが $y=x^2$ を平行移動したものであることを確かめよ．
(1)　$y=x^2+1$　　　　(2)　$y=(x-2)^2$　　　　(3)　$y=(x-2)^2+1$

　図形を点または直線について対称な位置に移動させることを対称移動という．$y=f(x)$ のグラフを x 軸，y 軸，原点に関してそれぞれ対称移動させた関数は，以下のようになる．
(1)　x 軸に関して $y=f(x)$ を対称移動させた関数は，$y=-f(x)$ である．例

えば，$f(x)=x^2$ の x 軸に関して対称な関数は，$y=-f(x)=-x^2$

(2) y 軸に関して $y=f(x)$ を対称移動させた関数は，$y=f(-x)$ である．例えば，$f(x)=(x-a)^2$ の y 軸に関して対称な関数は，$y=f(-x)=(-x-a)^2=(x+a)^2$

(3) 原点に関して $y=f(x)$ を対称移動させた関数は，$y=-f(-x)$ である．例えば，$f(x)=(x-a)^2+b$ の原点に関して対称な関数は，$y=-f(-x)=-(-x-a)^2-b=-(x+a)^2-b$

【演習 3-2】　次の $y=f(x)$ と $y=g(x)$ を同一グラフ上に描け．また関数グラフィックスツールでもグラフ描画せよ．それぞれ，x 軸に関して対称，y 軸に関して対称，原点に関して対称であることを確かめよ．

(1) $f(x)=x^2$, $g(x)=-x^2$ 　　　　(2) $f(x)=(x-2)^2$, $g(x)=(x+2)^2$

(3) $f(x)=(x-2)^2+1$, $g(x)=-(-x-2)^2-1$

　関数のグラフを描く際は，以下に留意する．

(1) 軸名と原点を記す．

(2) 関数名を記す．

(3) 目的に応じて描画範囲を決める．範囲が広すぎるとグラフの重要部分が分かりにくくなることがある．

(4) 必要に応じ，軸に適宜数値を表示する．

(5) 必要に応じ，切片・頂点・極大・極小等の点の座標を示す．

(6) 必要に応じ，単位を示す．

コラム 3-2　パラボラアンテナ

　放物線を軸の周りに回転させた曲面を回転放物面という．これは衛星放送の受信アンテナや電波望遠鏡でおなじみの曲面である．英語の parabola には，放物線の意味と，軸に沿った断面が放物線であるアンテナ（パラボラアンテナ）の意味とがある．

　回転放物面においては，軸に平行に入射した電磁波は一点（焦点）に集中するため，焦点に検知器を置くことで効率的に電磁波をキャッチすることができる．

3.3　関数の増減と最大・最小，極大・極小

> 関数の最大値・最小値を求める問題は，最大利益や最小費用を求める問題と結びついている．

　関数のグラフがある区間で右上がりなら，その区間で関数は単調増加，右下がりなら単調減少という．例えば，ある商品の仕入れ費用（単価×個数）は，単価が固定なら仕入れ個数の単調増加関数である．

　単調増加または単調減少関数では，定義域の下限または上限での関数値が，その関数の最小値または最大値となる（図3-4）．しかし，定義域において関数の曲線が山あるいは谷をもつ場合，定義域の下限または上限での関数値が，その関数の最大値または最小値になるとは限らない．図 3-5 では，この関数の最大値は定義域の上限における関数値であるが，最小値は定義域の下限における関数値ではない．

　図 3-6 のように，関数 $y=f(x)$ のグラフがある区間で山になっているとき，

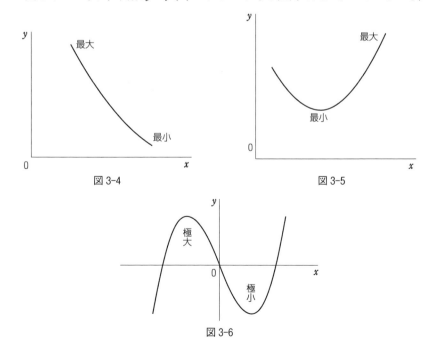

図 3-4　　　　　　　　　　　　　　図 3-5

図 3-6

この山の頂点を極大といい，頂点のyの値を極大値という．また，グラフがある区間で谷になっているとき，この谷の底を極小といい，谷底のyの値を極小値という．極大値と極小値をあわせて極値という．極大値・極小値は最大値・最小値の候補となる．ここでは極大・極小について直感的な説明を行ったが，第6章で改めて説明を行う．

二次関数$y=a(x-p)^2+q$の形状と最大・最小について，aの正負によって次のことが言える．

　$a>0$の場合

　　関数のグラフは下に凸である．

　　関数は最小値を持ち，それは極小値qである．この場合，最大値はない．

　$a<0$の場合

　　関数のグラフは上に凸である．

　　関数は最大値を持ち，それは極大値qである．この場合，最小値はない．

二次関数$y=f(x)$の定義域が$x_{min}\leq x\leq x_{max}$の場合，最大値・最小値は，$f(x_{min})$，$f(x_{max})$と極値を比較することで求められる．

もしも図3-7が利潤関数のグラフで，xが商品の価格であるなら，最大値（＝極大値）を与える$x=x_0$を求め，その価格で商品を売ると最大の利益を生みだすと考えることができる．また，図3-8が費用関数のグラフなら，最小値（＝極小値）を与える$x=x_0$を求めれば費用が最小になると考えられる．

コスト，利益，売上，誤差等を表す関数の最小（または最大）を求める問題を最適化問題という．誤差関数を最小化させる問題は，ニューラルネットワークの数理モデルにおいて重要である．

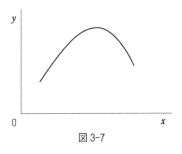

図3-7

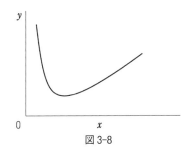

図3-8

3.4 関数のグラフと方程式

> 方程式を $f(x)=0$ と書くと，この方程式の解は $y=f(x)$ のグラフの x 切片である．また，$y=f(x)$，$y=g(x)$ の交点の x 座標は，方程式 $f(x)=g(x)$ の解である．

図 3-9 に示すように，関数 $y=f(x)$ のグラフの x 切片は，$y=0$ と置くことにより求められ，方程式 $f(x)=0$ の解である．

2 つの関数 $y=f(x)$，$y=g(x)$ の交点では $f(x)=g(x)$ が成立している（図 3-10）ので，交点を求めるには方程式 $f(x)=g(x)$ を解けばよい．また，$f(x)-g(x)=0$ と書けば，この方程式の解は関数 $y=f(x)-g(x)$ の x 切片を与える．

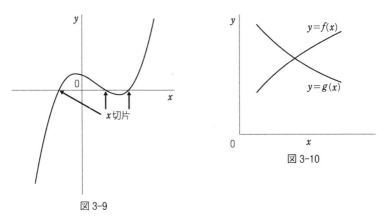

図 3-9

図 3-10

【演習 3-3】 関数グラフィックスツールを用いて，次の関数について $y=f(x)$ のグラフを描き，x 切片が方程式 $f(x)=0$ の解に一致することを確認せよ．

(1) $f(x)=(x-1)(x-2)$ (2) $f(x)=x^2-1$

(3) $f(x)=(x+1)(x-1)(x-2)$

【演習 3-4】

(1) $f(x)=x^2+2$，$g(x)=3x$ について $y=f(x)$ と $y=g(x)$ のグラフを

描き，交点の x 座標が方程式 $f(x)=g(x)$ の解に一致することを確認
せよ．

(2)　次の連立方程式のグラフを描き，交点の x 座標が連立方程式の解に一
致することを確認せよ．

$$\begin{cases} x+y=5 \\ 2x-1=1 \end{cases}$$

3.5　分数関数と均衡需要

| 分数関数は分数式で表わされる関数である．

　分数関数は，多項式の商の形で表される関数である．すなわち，$f(x)$，
$g(x)$ を多項式とするとき，分数関数は一般に，

$$y=\frac{f(x)}{g(x)}$$

の形で表される．

　最も簡単な分数関数は，反比例の関係式である．これは，$k \neq 0$ のとき，

$$xy=k \tag{3.1a}$$

または，

$$y=\frac{k}{x} \tag{3.1b}$$

と表される．

　図 3-11 は $y=\dfrac{1}{x}$ のグラフである．これは双曲線と呼ばれる曲線の一種であ
る．グラフから分かるように，$y=\dfrac{1}{x}$ は $x \to \pm\infty$ で $y=0$（x 軸）に近づく．ま
た，$x>0$ で x を 0 に近づけていくと関数は $+\infty$ に，$x<0$ で x を 0 に近づけ
ていくと関数は $-\infty$ に近づく．このように，ある曲線が別の直線に十分近づ
くとき，この直線を漸近線という．$y=\dfrac{1}{x}$ の漸近線は x 軸と y 軸である．なお

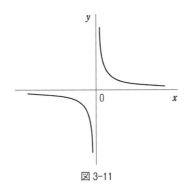

図 3-11

一般には，漸近線は曲線の場合もある．

　分数関数は，需要関数のモデルとして用いられる場合がある．

　例題 3-1　　需要関数 $D(p)$ と供給関数 $S(p)$ が価格 p の関数として以下の
ように与えられているとき，均衡価格と均衡取引量を求めよ．また，
$D(p)$，$S(p)$ のグラフを描け．
$$D(p) = \frac{10}{p}, \ S(p) = \frac{2}{5}p$$

［解］

(1)　関数のグラフは図のようになる．

　均衡価格を求めるには $D(p) = S(p)$ とおいて，

$$\frac{10}{p} = \frac{2}{5}p$$
$$p^2 = 25$$
$$\therefore p = 5$$

なお，$p^2 = 25$ の根は ± 5 であるが，p は価格であるから負の根は適さない．

　均衡取引量は以下である．

$$D(5) = S(5) = 2$$

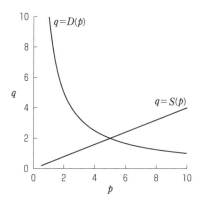

問題 3-1　需要関数 $D(p)$ と供給関数 $S(p)$ が価格 p の関数として以下のように与えられているとき，均衡価格と均衡取引量を求めよ．

$$D(p)=\frac{12}{p}, \ S(p)=p+1$$

3.6　在庫管理問題

在庫管理問題とは，在庫に関して，最適な在庫量や最適な発注頻度・発注量等を求める問題である．

在庫切れがあると販売機会を失ってしまう．そのため，十分な大きさの倉庫や冷蔵庫を確保し，一度に大量に仕入れれば輸送費も抑えられる．しかし，倉庫や冷蔵庫が大きくなればなるほど固定資産税やリース代・電気代等の費用がかさみ，また過剰在庫になって鮮度を失う等の理由で処分しなければならないこともある．逆に，倉庫や冷蔵庫をごく小さいものにして倉庫費を抑えても，今度は頻繁に商品を仕入れなければならず輸送費がかさむ．このような場合に，在庫に関して最適な在庫量や最適な発注頻度・発注量等を考えるのが在庫管理問題である．

一般に在庫管理問題では，在庫維持費，発注頻度，発注量，発注費用，輸送費，需要，在庫切れ等を考慮する必要があるが，ここではごく簡単な例題を考えてみよう．

例題 3-2　ある月における商品の発注総数を N，1回の発注あたりの輸送費を a，商品 1 個あたりにかかる在庫費用を b，1回当たりの商品発注個数を x，輸送費と在庫費用の和を c とする．費用 c を最小にする発注方法を求めよ．ここで簡単のため，1回あたりの商品発注個数は月毎に一定であるとする．売れ行きも一月を通して一定であるとする．商品は発注すれば直ちに納入されるものとする [6, p. 14]．

[解]

発注回数は $\dfrac{N}{x}$ であるから輸送費用は $a\dfrac{N}{x}$ である．売れ行きは一定であるから平均在庫数は $\dfrac{x}{2}$ である．よって在庫費用は $b\dfrac{x}{2}$ である．以上により，費用関数は次式で表される．

$$c = a\frac{N}{x} + b\frac{x}{2}$$

この関数のグラフは，図のようなものである．費用関数の最小値を与える x を求めればよい．

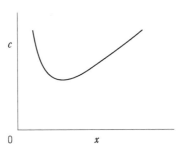

a, b, N, $x > 0$ であるから，相加平均 ≧ 相乗平均の関係

$$A,\ B > 0 \text{ のとき，} \frac{A+B}{2} \geq \sqrt{AB},\ \text{等号は } A = B \text{ のとき}$$

を用いて，次式が得られる．

$$c = a\frac{N}{x} + b\frac{x}{2} \geq 2\sqrt{\frac{aN}{x} \cdot \frac{bx}{2}} = \sqrt{2abN}$$

c が最小になるのは，

$$a\frac{N}{x} = b\frac{x}{2}$$

$$x^2 = \frac{2aN}{b}$$

$$\therefore x = \sqrt{\frac{2aN}{b}}$$

ここで，方程式 $x^2 = \dfrac{2aN}{b}$ の 2 根のうち，負の根は問題に適さない．

c の最小値は $x = \sqrt{\dfrac{2aN}{b}}$ を代入することにより，次のように求められる．

$$c_{\min} = \frac{aN}{\sqrt{\dfrac{2aN}{b}}} + \frac{b}{2}\sqrt{\frac{2aN}{b}} = \sqrt{2abN}$$

なおこの問題は例題 6-2 で再び取り上げ，微分を用いて解を導く．

3.7　逆　関　数

> 逆関数は，関数 $y = f(x)$ において x と y を入れ替え，y について解いた関数である．

関数 $y = f(x)$ において，y の変化に対して x が一通りに決まるとき，これを関数 $f(x)$ の逆関数という．

逆関数を求める手続は，関数 $y = f(x)$ において，x と y を入れ替えて $x = f(y)$ として，これを y について解く．$y = f^{-1}(x)$ のとき，$f^{-1}(x)$ は $f(x)$ の逆関数である．以下，一次関数を例にとって考えよう．

一次関数

$$y = 2x - 2$$

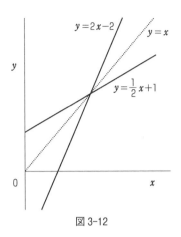

図 3-12

において x と y を入れ替えると,

$$x = 2y - 2$$

これを y について解くと, 次のようになる.

$$y = \frac{1}{2}x + 1$$

このとき, $f(x) = 2x - 2$ と $f^{-1}(x) = \frac{1}{2}x + 1$ は互いに逆関数の関係にある.
$y = 2x - 2$ とのグラフは, $y = x$ に関して対称である (図3-12).

　一般に, 逆関数のグラフは $y = x$ に関して対称である. 逆関数は, 元の関数
$y = f(x)$ において x と y を入れ替えることによって得られるのであるから,
元の関数と逆関数とは, 関数の定義域と値域が入れ替わる. $y = x^2$ のように,
x の複数の値に対して同じ y の値が対応する関数については逆関数を定義でき
ない. しかし x と y が一対一に対応する区間 (例えば $y = x^2$ においては $0 \leq x$) を
定義域に取れば, その区間においては逆関数が定義できる.

問題 3-2 　次の関数の逆関数を求めよ. また, 元の関数とその逆関数の
グラフを描け.

(1) $y = -2x + 2$　　　　　　　(2) $y = 3x - 3$

3.8　無 理 関 数

> 無理関数は，$y=\sqrt{x}$ のように，無理式で表される関数である．無理関数は二次関数の逆関数である．

無理関数は二次関数の逆関数として定義できる．例えば二次関数

$$y=x^2 \quad (x\geq0)$$

において，x と y を入れ替えると $x=y^2$ であるが，これを y について解くと

$$y=\sqrt{x} \quad (x\geq0)$$

このとき，$f(x)=x^2$ と $f^{-1}(x)=\sqrt{x}$ は互いに逆関数の関係にあり，$y=x^2$ と $y=\sqrt{x}$ のグラフは，$y=x$ に関して対称である（図3-13）.

平方根の定義より，無理式の根号の中の整式は 0 以上でなければならない．例えば $\sqrt{x}$，$\sqrt{x-1}$ の定義域はそれぞれ，$x\geq0$，$x\geq1$ である．

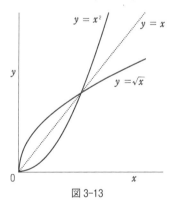

図 3-13

コラム 3-3　　効　用

　効用とは，ある品物によって得られる満足度のことで，品物の量の関数と考えられる．例えば，空腹でご飯を食べるとき，最初は満足度が急激に上がっていくが，満腹に近づくと満足度はあまり上がらなくなってくる．また，収入が1万円上がることに対して，収入が低い人は大きな満足感が得られるが，収入の高い人

はそれほどの満足感は得られないであろう．このように，効用は，量の増加とともに増えていくが，増加の割合が次第に鈍化していく性質がある［16］.

　無理関数は増加関数であるが，x が小さいときは増加の度合いが大きく，x が大きくなると増加の度合いが小さくなってくる．従って，無理関数は効用関数のモデルの１つとして使うことができる．

　図 3-14 に $y=\sqrt{x}$ のグラフを $0 \leq x \leq 5$ の範囲で示した．関数値の増加の割合は，x の増加とともに緩やかになっている．

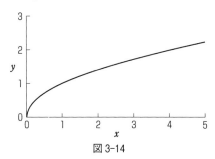

図 3-14

問題 3-3 　$y=x^2+1$（$x \geq 0$）の逆関数を求めよ．また，元の関数と逆関数のグラフを描け.

問題 3-4 　需要関数 $D(p)$ と供給関数 $S(p)$ が価格 p の関数として以下のように与えられている．均衡価格と均衡取引量を求めよ．また，$D(p)$，$S(p)$ のグラフを描け.

$$D(p)=-\frac{1}{2}p+4, \quad S(p)=\sqrt{p}$$

第 4 章 数列と利率計算

> この章では，主として利率計算を例にとって数列について学ぶ．利
> 息の付き方には，単利と複利があり，単利の元利合計は等差数列，
> 複利の元利合計は等比数列で表すことができる．また，ローンやネ
> ズミ講の問題を解くことで，それらへの対応を考える．この章で学
> ぶ事柄は，会計・金融に密接に関係している．

4.1 数列と貯金・借金

| 数列と元金・利息について，基本的な事柄の説明を行う．

数列とは数を順に並べたものである．なお，数の並びに規則性がなくても構
わない．

数列

$$a_1, \ a_2, \ \cdots, \ a_n, \ \cdots$$

があるとき，a_1 を初項，a_n を一般項という．項の番号を表すために添えられ
ている数字・文字を添字という．数列をコンパクトに表すため，一般項を波括
弧で囲った "$\{a_n\}$" の記法も用いられる．

項の数が有限な数列を有限数列，無限個ある数列を無限数列という．有限数
列においては，最後の項を末項という．

定期貯金の残高の期毎の変化やローンの返済残高の月次変化等は，規則性の
ある数列である．この節では元金と利息について基本的なことがらを説明して
おこう．

元金は定期貯金において最初に貯金する金額である．また借金の場合は，借
りた金額が元金である．

利息は，貸借された金銭の使用料である．例えば金融機関から借金をした場
合，返済額は借入金よりも高いが，この差額が利息（利子）である．

利率は元金に対する利息の割合で，1年間の利息に対する元金の割合を年利

という．

　　　　利息＝元金×利率

であり，

　　　　元利合計＝元金＋利息

である．

　例えば100万円を貯金し，利率が年1％で年に1回利息が付く場合，1年間の利息は，

　　　　100万×0.01＝1（万円）

となる．

　利息の計算方法には単利と複利がある．単利は元金が変わらないもの，複利は前期までの元金と利息の和を改めて元金とするものである．通常，金融機関に貯金や借金をする場合，利息は複利で計算される．

4.2　等差数列と単利の定期貯金
｜ 単利の定期貯金は等差数列である．

4.2.1　等差数列
　　等差数列は，隣り合う項の差が等しい数列のことである．
　次のような数列は等差数列である．

　　　　1，2，3，…　　　　　　　　　　　　　　　　　　　　(4.1a)
　　　　−1，3，7，…　　　　　　　　　　　　　　　　　　　(4.1b)
　　　　4，1，−2，…　　　　　　　　　　　　　　　　　　　(4.1c)

　等差数列は隣り合う項の差が等しく，この差を公差という．数列(4.1a)は初項1，公差1の等差数列，数列(4.1b)は初項 −1，公差4の等差数列，数列(4.1c)は初項4，公差 −3の等差数列である．
　等差数列(4.1a)は，

$$a_1 = 1, \ a_2 = 2, \ \cdots, \ a_n = n, \ \cdots$$

と表されるから，一般項は次のようになる．

$$a_n = n$$

等差数列 (4.1b) は，

$$a_1 = -1, \ a_2 = 3, \ \cdots, \ a_n = 4n - 5, \ \cdots$$

と表されるから，一般項は次のようになる．

$$a_n = 4n - 5$$

一般に等差数列は，初項を a，公差を d とすると，

$$a_1 = a, \ a_2 = a + d, \ a_3 = a + 2d, \ \cdots, \ a_n = a + (n-1)d, \ \cdots$$

と表わされるから，一般項は，次のようになる．

$$a_n = a + (n-1)d \tag{4.2}$$

Excel のオートフィル機能は等差数列を生成する機能である．

【演習 4-1】　Excel の隣り合うセルに，-1 と 3 を入力し，オートフィルによって初項 -1，公差 4 の等差数列 (4.1b) を生成せよ．同様にして，等差数列 (4.1c) を生成せよ．

4.2.2　等差数列の漸化式
等差数列の漸化式について学び，それが Excel で簡単に表されることを示す．

漸化式は，ある項とそれ以前の項の関係を示す式である．等差数列は，隣り合う項の差が等しい数列であるから，初項 a，公差 d の等差数列の第 n 項と $n+1$ 項の間の関係式（漸化式）は次のようになる．

$$a_{n+1} = a_n + d, \ a_1 = a \tag{4.3}$$

例えば初項 1，公差 2 の等差数列（1 から始まる奇数）は漸化式で次のように表

される.

$$a_{n+1}=a_n+2, \quad a_1=1$$

漸化式を解くとは，漸化式で表わされる数列の一般項 a_n を求めることである．漸化式(4.3)は次のように解ける．

$$a_n=a_{n-1}+d=a_{n-2}+2d=\cdots=a_1+(n-1)d=a+(n-1)d$$

	A
1	1
2	=A1+2
3	=A2+2
4	=A3+2
5	=A4+2
6	=A5+2
7	=A6+2
8	=A7+2
9	=A8+2
10	=A9+2
11	=A10+2

図 4-1

	A
1	A_1
2	A_2
3	A_3
4	A_4
5	A_5
6	A_6
7	A_7
8	A_8
9	A_9
10	A_{10}
11	A_{11}

図 4-2

すなわち，式(4.2)が得られた．

漸化式を Excel で表してみよう．

例として，初項1，公差2の等差数列を考える．これは，Excel において，あるセル（例えば A1）に1を入力し，隣のセル（例えば A2）に "=A1+2" と入力し，セル A2 の式を A3 以下のセルにコピーすることで得られる．図4-1 に，このようにして得られた各セルの式を表示させたものを示す．ここで，数列の一般項を A_n と書いてみよう．A_n をセル AN（例えばセル A10），A_{n+1} をセル A(N+1)（例えばセル A11）とみなせば，セル A11 に入力されている式，

$$(A11)=A10+2 \qquad \text{（ここで左辺は漸化式との比較のため記した）}$$

は，漸化式 $A_{n+1}=A_n+2$ において $n=10$ にしたものと同じである．つまり，連続する2つの項の関係を表す漸化式は，表計算ソフトにおいて隣り合うセル同士の関係を表す式と理解すればよい．図4-2 に，A列のセルに A_1, A_2, … を入力して，数列 a_1, a_2, … との対応を示した．

【演習 4-2】 次の漸化式で与えられる数列の第10項を，Excel で求めよ．

(1) $a_{n+1}=a_n-3$, $a_1=4$（初項4，公差 -3 の等差数列）

(2) $a_{n+1}=a_n+2$, $a_1=2$（初項2，公差2の等差数列）

4.2.3　等差数列と単利計算

単利計算は等差数列で表される.

学習のために単利の貯金を考えよう. なお, 金融機関との金銭の貸借は通常複利である.

例題 4-1　元金 100 万円, 利率が年利 1 % の単利の定期貯金を考える. 利息は 1 年に 1 回だけ付くものとするとき, 10 年後の元利合計を求めよ.

[解]

この定期貯金の元利合計の年次変化は次のようになる.

> 1 年目（0 年後）：100 万（元金）
>
> 2 年目（1 年後）：100 万＋100 万×0.01＝101 万
>
> 3 年目（2 年後）：101 万＋100 万×0.01＝102 万
>
> …
>
> n 年目（$n-1$ 年後）：100 万＋$(n-1)$ 万

これは, 初項 100 万, 公差 1 万の等差数列である. 10 年後（すなわち 11 年目）の元利合計は, $n=11$ として,

> 100 万＋$(11-1)$ 万円＝110 万（円）

10 年後を考えるのに $n=11$ とするのが考えにくいのであれば, 利息が付くのは 10 年間であるから利息の付く年数である $n-1$ を 10 とすると考えてもよい.

一般に, 元金 A, 利率 r の単利の定期貯金の元利合計の期別変化は次のようになる.

> 1 期目（0 期後）：A（元金）
>
> 2 期目（1 期後）：$A+Ar$
>
> 3 期目（2 期後）：$A+Ar+Ar=A+2Ar$
>
> n 期目（$n-1$ 期後）：$A+(n-1)Ar$

これは, 初項 A, 公差 Ar の等差数列であるから, n 期目（$n-1$ 期後）の元利

合計 a_n は,

$$a_n = A + (n-1)Ar \qquad (4.4)$$

例題 4-2 例題 4-1 で,利息が半年に 1 回付くとき,10 年後の元利合計を求めよ.ただし,年利 r のとき,半年分の利率は $\dfrac{r}{2}$ とする.

[解]

半年を 1 期とすると 10 年間は 20 期である.従って,式(4.4)で,$n=21$ とし,r を $\dfrac{r}{2}$ で置き換えればよい.

$$a_{21} = 100\,万 + (21-1)100\,万 \times 0.005 = 110\,万 \ (円)$$

これは例題 4-1 で得た結果と同じである.すなわち,単利の場合,利息は 1 年毎でも半年毎でも元利合計は変わらない.

等差数列の漸化式は,$a_{n+1} = a_n + d$ で表されるが,単利の定期貯金の場合,公差 d は利息である.従って,単利の定期貯金の元利合計を表す漸化式を日本語を使って表すと,

$$次期の元利合計 = 今期の元利合計 + 元金 \times 利率 \qquad (4.5)$$

となる.このことから,Excel のオートフィル機能を利用して,単利の定期貯金の任意の期における元利合計を簡単に求めることができる.

例題 4-3 例題 4-1 に示した単利の定期貯金について,10 年後までの元利合計を Excel を用いて求めよ.

[解法]

図のように,セル A4,B4 に元金 1000000 と利率 0.01 を入力しておく.セル C4 には利息を計算("=A4*B4")しておく.セル C7 には "=A4" として

元金を入力する.

式 (4.5) より, セル C8 に入力する式は,

"=C7+$C$4"

この式をセル C17 までドラッグすればよい.

C8			fx =C7+$C$4	
	A	B	C	
1	単利の定期貯金			
2				
3	元金	利率	利息	
4	1000000	0.01	10000	
5				
6	期	預金期間	元利合計	
7	1	0	1000000	
8	2	1	1010000	
9	3	2		
10	4	3		
11	5	4		
12	6	5		
13	7	6		
14	8	7		
15	9	8		
16	10	9		
17	11	10		

問題 4-1 元金が 100 万円で単利の定期貯金について, 年利が 0.5 %,
1 %, 2 %, 3 % の場合について, 預金直後から 10 年後までの元利合計を
Excel を用いて求めよ. ただし, 半年に 1 回利息が付くものとする.

4.2.4 等差数列と一次関数

等差数列は, 一次関数において変数 x を自然数に制限したものである.

等差数列と一次関数の関係を見るため, 例として初項 3, 公差 1 の等差数列
を考えてみよう. 添字 n を横軸に, a_n を縦軸にとってグラフに表わしたもの
が図 4-3a である. ここで, グラフの点と点の間を点線で結んでみる (図 4-3b).
これは (1, 3) を通る傾き 1 の一次関数である.

このことは, 等差数列の一般項と一次関数の式の関係を見ることで簡単に理
解できる. 等差数列の一般項

$$a_n = a + (n-1)d$$

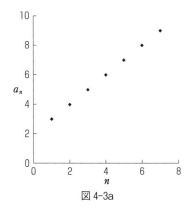

図 4-3a

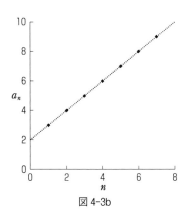

図 4-3b

において，自然数 n を実数 x に，a_n を実数 y に置き換えると，

$$y = a + d(x-1)$$

これは，$(1, a)$ を通る傾き d の一次関数である．上式を変形して

$$y = dx + a - d$$

と書くと，これは傾きが d で y 切片が $a-d$ の一次関数であることがわかる．つまり，等差数列は一次関数において，変数 x を自然数に制限したものとみなせる．

　なお，等比数列は指数関数において，変数 x を自然数に制限したものとみなせるが，これは次章で示す．

4.3　等比数列と複利の定期貯金

| 複利の定期貯金は等比数列である．

4.3.1　等比数列

　等比数列は，隣り合う項の比が等しい数列のことである．
次の数列は等比数列である．

$$1, \ 2, \ 4, \ \cdots \tag{4.6a}$$

$$2,\ 1,\ \frac{1}{2},\ \cdots \tag{4.6b}$$

等比数列は隣り合う項の比が等しい数列のことで，この比を公比という．数列(4.6a)は，初項 1，公比 2 の等比数列，数列(4.6b)は，初項 2，公比 $\frac{1}{2}$ の等比数列である．

等比数列(4.6a)は，

$$1,\ 2,\ \cdots,\ 2^{n-1},\ \cdots$$

と表されるから，一般項は，

$$a_n = 2^{n-1}$$

等比数列(4.6b)は，

$$2,\ 1,\ \cdots,\ 2\cdot\left(\frac{1}{2}\right)^{n-1},\ \cdots$$

と表されるから，一般項は，

$$a_n = 2\cdot\left(\frac{1}{2}\right)^{n-1}$$

一般に等比数列は，初項を a，公比を r とすると，

$$a,\ ar,\ ar^2,\ \cdots,\ ar^{n-1},\ \cdots$$

と表わされるから，等比数列の一般項は，

$$a_n = ar^{n-1} \tag{4.7}$$

4.3.2　等比数列の漸化式

等比数列の漸化式について学び，それが Excel で簡単に表されることを示す．

等比数列は，隣り合う項の比が等しい数列であるから，初項 a，公比 r の等比数列の第 n 項と $n+1$ 項の間の関係式（漸化式）は，次のように表される．

$$a_{n+1} = ra_n, \quad a_1 = a \tag{4.8}$$

例えば，初項 1，公比 2 の等比数列は，漸化式で次のように表される．

$$a_{n+1} = 2a_n, \quad a_1 = 1$$

上の漸化式は次のように解ける．

$$a_n = 2a_{n-1} = 2 \cdot 2a_{n-2} = \cdots = 2^{n-1}a_1 = 2^{n-1}$$

Excel を用いると等比数列の任意の項が簡単に求められる．例えば初項 1，公比 2 の等比数列なら，図 4-4a のように，セル A1 に初項 1 を，セル D4 に公比 2 を入力しておき，セル A2 に次の式を入力する．

"$= \$D\$4 * A1$"

この式を A3 以下に複写することで求める数列が得られる．

ここで数列の一般項を A_n と書き，A_n をセル AN（例えばセル A9），A_{n+1} をセル A(N+1)（例えばセル A10）とみなせば，セル A10 に入力されている式

$(A10) = \$D\$4 * A9$　　　　　（ここで左辺は漸化式との比較のため記した）

は，公比 r の等比数列の漸化式 $A_{n+1} = rA_n$ において $n=9$ としたものと同じ形である．

なお，図 4-4a では，セル A_1，A_2，… が数列 a_1，a_2，… に対応することを強調するため，セル A1 に初項を入力しているが，一般には例えば図 4-4b のようにワークシートを使う方が分かりやすいであろう．

図 4-4a （セル A2, 数式 =$D$4*A1）

	A	B	C	D
1	1		等比数列	
2	2			
3	4		初項	1
4	8		公比	2
5	16			
6	32			
7	64			
8	128			
9	256			
10	512			

図 4-4a

図 4-4b （セル B7, 数式 =$B$3*B6）

	A	B	C
1	等比数列		
2	初項	公比	
3	1	2	
4			
5	n	a_n	
6	1	1	
7	2	2	
8	3	4	
9	4	8	
10	5	16	
11	6	32	
12	7	64	
13	8	128	
14	9	256	
15	10	512	

図 4-4b

【演習 4-3】 次の漸化式で与えられる数列の第 10 項を, Excel を用いて求めよ.

(1) $a_{n+1}=3a_n$, $a_1=1$ （初項 1, 公比 3 の等比数列）

(2) $a_{n+1}=\dfrac{1}{2}a_n$, $a_1=8$ （初項 8, 公比 $\dfrac{1}{2}$ の等比数列）

コラム 4-1　漸化式と関数の再帰的定義

　関数を定義する際, その関数自身を使って定義することを再帰的定義という. 数列の漸化式は再帰的定義の例である. 再帰的定義はプログラム言語においても現れる.

4.3.3　等比数列と複利計算

　　複利の定期貯金は, 利率を r とするとき, 公比 $1+r$ の等比数列である. 例題 4-1 を複利で考えてみよう.

　例題 4-4　元金 100 万円, 利率が年利 1 ％の複利の定期貯金を考える. 利息は年に 1 回だけ付くものとするとき, 10 年後の元利合計を求めよ.

72

[解]

この定期貯金の元利合計の年次変化は次のようになる.

1 年目（0 年後）：100 万（元金）

2 年目（1 年後）：100 万＋100 万×0.01＝100 万×(1＋0.01)＝101 万

3 年目（2 年後）：101 万＋101 万×0.01＝101 万×(1＋0.01)
$$＝100 万×(1＋0.01)^2$$

...

n 年目（$n-1$ 年後）：$100 万×(1＋0.01)^{n-1}$

これは，初項 100 万，公比 1.01 の等比数列である．10 年後（11 年目）の元利合計は，$n=11$ として，

$$100 万×(1＋0.01)^{10}＝1104622 （円）$$

複利の場合，単利より 4622 円利息が多いことが分かる.

10 年後を考えるのに $n=11$ とするのが考えにくいのであれば，利息が付くのは10年間であるから利息の付く年数である $n-1$ を10とすると考えてもよい.

一般に，元金 A，利率 r の複利の定期貯金の元利合計の期別変化は次のようになる.

1 期目（0 期後）：A（元金）

2 期目（1 期後）：$A＋Ar＝A(1＋r)$

3 期目（2 期後）：$A(1＋r)＋A(1＋r)r＝A(1＋r)(1＋r)＝A(1＋r)^2$

...

n 期目（$n-1$ 期後）：$A(1＋r)^{n-1}$

これは，初項 A，公比 $1＋r$ の等比数列であるから，n 期目（$n-1$ 期後）の元利合計 a_n は，次のようになる.

$$a_n＝A(1＋r)^{n-1} \tag{4.9}$$

例題 4-5 例題 4-4 で，利息が半年に 1 回付くとき，10 年後の元利合計を

求めよ．なお，年利 r のとき，半年分の利率は $\dfrac{r}{2}$ とする．

[解]

半年を 1 期とすると 10 年間は 20 期である．従って，式(4.9)で，$n=21$ とし，r を $\dfrac{r}{2}$ で置き換えればよい．

$$a_{21}=100\,\text{万}\times1.005^{20}=1104896\,(\text{円})$$

半年複利の方が 1 年複利より利息が 274 円多い．なお，これは，単利の場合（例題4-2）とは異なった結果である．

公比が $1+r$ の等比数列の漸化式は，$a_{n+1}=(1+r)a_n$ で表される．従って，複利の定期貯金の元利合計を表す漸化式を日本語を使って表すと，次のようになる．

$$\text{次期の元利合計}=(1+\text{利率})\times\text{今期の元利合計} \qquad (4.10)$$

このことから，Excel の式のコピー機能を利用して，複利の定期貯金の任意の期における元利合計を簡単に求めることができる．

例題 4-6　例題 4-4 に示した複利の定期貯金について，10 年後までの元利合計を Excel を用いて求めよ．

[解法]

図のように，セル A3，A4 に元金 1000000 と利率 0.01 を入力しておく．セル C7 には "=B3" として元金を入力する．

式(4.10)より，セル C8 に入力する式は以下である．

"=(1+$B$4)*C7"

この式をセル C17 までドラッグすればよい．

	C8	▼	fx	=(1+$B$4)*C7	
	A	B	C	D	
1	複利の定期貯金				
2					
3	元金	1000000			
4	利率	0.01			
5					
6	期	預金期間	元利合計		
7	1	0	1000000		
8	2	1	1010000		
9	3	2			
10	4	3			
11	5	4			
12	6	5			
13	7	6			
14	8	7			
15	9	8			
16	10	9			
17	11	10			

問題 4-2 元金が 100 万円で複利の定期貯金について，年利が 0.5 %，1 %，2 %，3 % の場合について，預金直後から 10 年後までの元利合計を Excel を用いて求めよ．ただし，半年複利とする．

貯金と借金は，借り手と貸し手の立場が逆になるだけで，計算法は基本的に同じである．貸付利率の上限は法律で決まっているが，違法金融の例を考えてみよう．

例題 4-7 50 万円を，10 日で 1 割の利率の高利貸（闇金融）で借りた．90 日後に返済する場合，返済総額を求めよ．

［解］

これは 10 日を 1 期とする利率 10 % の複利計算となる．90 日は 9 期であるから，求めるのは 10 期目の元利合計である．式(4.9)で $A=50$ 万，$r=0.1$，$n=10$ とすると，

$$50 万 \times (1+0.1)^{10-1} = 50 万 \times (1+0.1)^9 = 1178974 （円）$$

3 カ月借りるだけで借入金の倍以上を返済することになる.

問題 4-3　100 万円を年利 5 ％で 10 年間借り入れ, 10 年後に元利を一括返済するものとする. 返済総額を求めよ. なお, 半年複利とする.

4.4　将来価値

将来価値とは, 現在のある金額に対する将来の価値をいう. 将来価値は等比数列で計算できる.

金額が同じでも, 現在の価格 A と将来の価格 B とを直接比較することはできない. そこで, 現在の価格 A に対する将来のある時点の価値 A' を見積もる(換算する)のが将来価値の考え方である.

例えば, 現在の 100 万円と 1 年後の 100 万円とは同じ価値ではない. 100 万円を年利 1 ％の金融機関に預金すれば, （1 年 1 期として）1 年後には 101 万円となる. 従って, 1 年後の将来の時点で考えると, 現在の 100 万円の方が 1 年後の 100 万円よりも価値が高いわけである.

将来価値の計算方法は複利の定期貯金と同じであり, 等比数列の知識によって簡単に計算できる.

Excel には将来価値 (future value) を計算する関数として FV 関数が用意されている. FV 関数は財務関数に分類されている. FV 関数の書式は, 以下である.

FV (利率, 期間, 定期支払額, 現在価値, 支払期日)

ここで, 「期間」は利率計算の発生する回数で, 利息が年 2 回で 5 年分の計算をするなら期間は 10 （回）である. 「定期支払額」は, この場合 0 である. 「支払期日」は期末なら 0 を, 期首なら 1 を指定する. 省略すると 0 が指定されたものとみなされる. FV 関数は支出を考えているので, 計算結果は負の値となる.

例題 4-8　半年複利の年利 4 ％で 100 万円を投資した. 2 年後の将来価値を, 式(4.9)および FV 関数によって計算せよ. なお, この投資にはリス

クは全くないものと仮定する.

[解]

式(4.9)で, $A=100$ 万, $r=0.02$, $n=5$ とすれば,

$$100\,万\times(1+0.02)^4=108\,万2432\,（円）$$

FV 関数を使って計算するなら, セルに次のように入力すればよい.

$$``=FV(0.02,4,0,1000000)"$$

なお, 関数挿入ダイアログボックスを利用する場合は以下のようにする. 関数を挿入するセルをカレントセルにした後, 数式入力欄の左の $``f_x"$ をクリックして FV 関数を選択する. 図のように FV 関数の引数ダイアログボックスが現れるので, それぞれの引数に数値を入力すればよい.

関数の引数

FV

利率	0.02	= 0.02
期間	4	= 4
定期支払額	0	= 0
現在価値	1000000	= 1000000
支払期日		= 数値

= -1082432.16

一定利率の支払いが定期的に行われる場合の, 投資の将来価値を返します

例題 4-9　A, B 2つの投資案がある. 投資 A は投資額 100 万円で年利 2%, 投資 B は投資額 50 万円で年利 4% であるという. いずれも半年複利である. 半年間の利率は年利の半分とする.

　Excel の FV 関数を用いて 5 年後の将来価値を計算せよ. なお, これらの投資にはいずれもリスクは全くないものと仮定する.

[解法]

　図のように，セル B3，C3 にそれぞれの投資額を，セル B4，C4 にそれぞれの利率を，セル A8 に投資年数を入力しておく．半年 1 期なら投資期間の数は投資年数の 2 倍である．従って，セル B8 には次の式を入力するとよい．

$$\text{“}=\text{FV}(\text{B\$4}/2, \text{\$A\$8} * 2, 0, \text{B\$3}, 0)\text{”}$$

この式をセル C8 に複写することで，投資 B の将来価値も求めることができる．

　なお，図では，セル B9，C9 に得られる予定の利益も計算している．

B8		:	×	✓	fx	=FV(B$4/2,$A$8*2,0,B$3,0)

▲	A	B	C	D	E
1	将来価値				
2		投資A	投資B		
3	投資額	1000000	500000		
4	年利	0.02	0.04		
5					
6	FV関数による計算				
7	年後	将来価値A	将来価値B		
8	5	-1,104,622	-609,497		
9	利益	-104,622	-109,497		

　将来価値は定期貯金と同じ計算であるから，FV 関数を利用して定期貯金の将来の預金残高も計算できる．

【演習 4-4】　例題 4-5 の定期貯金について，10 年後の元利合計を Excel の FV 関数を用いて求めよ．

4.5　現在価値

> 現在価値とは，将来の時点でのある金額に対する現在の価値をいう．現在価値は等比数列で計算できる．

　現在の価格 A と将来の価格 B とを比較するするとき，将来の価格 B に対する現在の価値 B' を見積もる（換算する）のが現在価値の考え方である．つまり，現在価値と将来価値とは，裏表の関係にある．

　利率が年 5 ％で 1 年後に 10 万 5000 円が支払われることが保証されている債券の現在価値 P を考えよう．P に 1 年分の利息が加わったものが 10 万 5000 円

78

になるので，

$$P \times (1+0.05) = 105000$$

$$\therefore P = \frac{105000}{1+0.05} = 100000$$

従って，この債券の現在価値は 10 万円である．このように，将来の時点での価格を現在の価格に換算することを，現在価値に割り引くと言う．

現在価値を一般的に計算してみよう．A 円を将来の価格，P_n を n 年後の A 円の現在価値，利率は年利で r であるとする．

1 年後の A 円の現在価値は，$A = P_1(1+r)$ より，

$$P_1 = \frac{A}{1+r}$$

2 年後の A 円の現在価値は，$A = P_2(1+r)^2$ より，

$$P_2 = \frac{A}{(1+r)^2}$$
…

n 年後の A 円の現在価値は，$A = P_n(1+r)^n$ より

$$P_n = \frac{A}{(1+r)^n} \tag{4.10}$$

すなわち，n 年後の A 円の現在価値は，初項 $\dfrac{A}{1+r}$，公比 $\dfrac{1}{1+r}$ の等比数列の第 n 項である．

例題 4-10　10 年後に 100 万円の支払いが保証されている債券と，5 年後に 80 万円の支払いが保証されている債券の現在価値を比較せよ．債券の利率はいずれも年利 5 ％として，Excel を利用して計算せよ．

[解法]

図のように，セル B3，C3 にそれぞれの債券の額面を，セル B4 に利率を入

力しておく．セル B5，C5 は支払いを受ける年を示す（B5，C5 の情報はこの例題では必要ないが，次の例題で利用する）．セル B8 以下と C8 以下にそれぞれの債券について，年毎の現在価値を計算する．セル B7，C7 に 0 年後に支払いを受ける債券の現在価値として，債券の額面を入力（"=B3"，"=C3"）しておく．セル B8 の値に公比 $1/(1+r)$ を掛けたものがセル B9 であるから，セル B9 には次の式を入力するとよい．

$$\text{"=B8/(1+\$B\$4)"}$$

この式を B 列と C 列に複写すれば，債券 A と債券 B の各年次における現在価値を求めることができる．債券 A，B の現在価値はそれぞれ，61 万 3913 円，62 万 6821 円であることが分かる（もちろん，式(4.10)を利用して，一度に計算してもよい）．

	B9	▼	fx	=B8/(1+$B$4)
	A	B	C	D
1	現在価値			
2		債券A	債券B	
3	額面	1000000	800000	
4	利率	0.05		
5	支払い	10	5	
6				
7	年後	現在価値A	現在価値B	
8	0	1000000	800000	
9	1	952381	761905	
10	2	907029	725624	
11	3	863838	691070	
12	4	822702	658162	
13	5	783526	626821	
14	6	746215		
15	7	710681		
16	8	676839		
17	9	644609		
18	10	613913		

　Excel には現在価値（present value）を計算する関数として PV 関数が用意されている．PV 関数は財務関数に分類されている．PV 関数の書式は以下である．

$$\text{PV(利率，期間，定期支払額，将来価値，支払期日)}$$

FV 関数との違いは，第 4 引数が「将来価値」になっていることだけである．

PV 関数も FV 関数同様，負の値を出力する．

例題 4-11 例題 4-10 において，債券 A，B の現在価値を PV 関数を使って求めよ．

［解法］

　比較のため，例題 4-10 で作成したワークシートを使って図のように計算するものとする．セル B22 に次の式を入力するとよい．なお，最後の 0 は省略可である．

　　　　"＝PV($B$4, B5, 0, B3, 0)"

これを C22 に複写することで，債券 B の現在価値も得られる．

　なお，図では，8〜12，及び 14〜17 行を非表示としているが，実際の計算の際は非表示にする必要はない．

	B22	▼	*fx*	＝PV($B$4,B5,0,B3,0)
	A	B	C	D
1	現在価値			
2		債券A	債券B	
3	額面	1000000	800000	
4	利率	0.05		
5	支払い	10	5	
6				
7	年後	現在価値A	現在価値B	
13	5	783526	626821	
18	10	613913		
19				
20	PV関数による計算			
21		現在価値A	現在価値B	
22		-613,913	-626,821	

4.6　数列の和

| Σを使った数列の和の表現や，等差数列・等比数列の和の公式を示す．

数列

$$1,\ 2,\ 3,\ \cdots,$$

の第 1〜10 項の和 S は,

$$S=1+2+3+\cdots+10$$

と書ける. ここで S は summation の頭文字である.

数列の一般項を a_n, 第 1〜n 項の和を S_n と書くことにすれば,

$$S_n=a_1+a_2+\cdots+a_n$$

これを, 和を表す記号Σ（シグマ）を用いて,

$$\sum_{k=1}^{n} a_k$$

と書く. これは, k を 1 から n まで 1 つずつ増やしながら a_k を足し合わせて いくことを意味する. すなわち,

$$\sum_{k=1}^{n} a_k=a_1+a_2+\cdots+a_n \tag{4.11}$$

添え字は k でなくても良い. Σ はギリシャ文字で, ラテン文字の S に対応する.

具体的な例で, Σ を用いて数列の和を表わしてみよう.

数列 $a_n=n$ の $n=1$〜5 の和は,

$$\sum_{k=1}^{5} k=1+2+\cdots+5$$

数列 $a_n=n^2$ の $n=1$〜10 の和は,

$$\sum_{k=1}^{10} k^2=1^2+2^2+\cdots+10^2$$

数列 $a_n=1$ の $n=1$〜3 の和は,

$$\sum_{k=1}^{3} 1=1+1+1$$

数列の和について, α は k と無関係な定数として以下の性質がある.

$$\sum_{k=1}^{n} \alpha a_k = \alpha \sum_{k=1}^{n} a_k \tag{4.12a}$$

$$\sum_{k=1}^{n} (a_k + b_k) = \sum_{k=1}^{n} a_k + \sum_{k=1}^{n} b_k \tag{4.12b}$$

問題 4-4 ∑で表された次の式を，項の和として具体的に表せ．

(1) $\displaystyle\sum_{k=1}^{5} 2^k$　　　　　　　　　　(2) $\displaystyle\sum_{j=1}^{5} 3^j$

Excel の SUM 関数は∑と同じである．これを以下の例で示す．

Excel の SUM 関数を使って A1：A10 の範囲のセルの和を求めるとき，SUM(A1：A10) とするが，

$$\text{SUM(A1：A10)} = \text{A1} + \text{A2} + \cdots + \text{A10}$$

である．ここで，行番号を下付き文字で書くことにすれば，

$$\text{SUM(A1：A10)} = A_1 + A_2 + \cdots + A_{10}$$
$$= \sum_{k=1}^{10} A_k$$

すなわち，SUM 関数の計算は∑によって表される．逆も同様である．

等差数列の和の公式を導こう．

初項 a，公差 d の等差数列の第 1 〜 n 項の和は以下である．

$$S_n = a + (a+d) + (a+2d) + \cdots + [a+(n-1)d]$$

右辺の項の順序を逆にすると，

$$S_n = [a+(n-1)d] + [a+(n-2)d] + \cdots + a$$

これを辺々加えることにより，

$$2S_n = [2a+(n-1)d] + [2a+(n-1)d] + \cdots + [2a+(n-1)d]$$
$$= n[2a+(n-1)d]$$
$$\therefore S_n = \frac{n[2a+(n-1)d]}{2} \tag{4.13a}$$

これが等差数列の和の公式である．また，a が初項，$a+(n-1)d$ は末項であるから，上式は，次の形にも書ける．

$$S_n = \frac{項数 \times [初項 + 末項]}{2} \tag{4.13b}$$

これは，台形の面積の公式と同じ形（上底を初項，下底を末項，高さを項数 n と考える）である．

　等差数列の和の公式を具体的な数列に対して用いてみよう．初項 1，公差 2 の等差数列の第 1 ～ 5 項の和は，式(4.13a)により，次のように計算できる．

$$\frac{5[2 \cdot 1 + (5-1) \cdot 2]}{2} = \frac{5 \cdot 10}{2} = 25$$

コラム 4-2　ガウス

　数学者ガウスは子供の頃，積み上げられた煉瓦の個数を数えようとして，等差数列の和の公式を考えついたと言われる．また，正規分布（第 8 章参照）の発見はガウスによるものである．

　等比数列の和の公式を導こう．
　初項 a，公比 r の等比数列の第 1 ～ n 項の和は以下である．

$$S_n = a + ar + ar^2 + \cdots + ar^{n-1}$$

上式の両辺に r を掛けると，

$$rS_n = \quad ar + ar^2 + \cdots + ar^{n-1} + ar^n$$

これを辺々引くことにより，

$$(1-r)S_n = a - ar^n = a(1-r^n)$$

$$\therefore S_n = \frac{a(1-r^n)}{1-r} \quad (r \neq 1) \tag{4.14}$$

これが等比数列の和の公式である．$r = 1$ の場合は

$$S_n = a + a + \cdots + a = na \tag{4.15}$$

である.

等比数列の和の公式を具体的な数列に対して用いてみよう. 初項 1, 公比 2 の等比数列の第 1 ～ 5 項の和は, 式 (4.14) より,

$$\frac{1 \cdot (1 - 2^5)}{1 - 2} = 2^5 - 1 = 31$$

無限数列の和

$$a_1 + a_2 + \cdots + a_n + \cdots = \sum_{k=1}^{\infty} a_k$$

を級数という. 項数が無限の等比数列の和は等比級数または幾何級数といわれる. 級数が一定値に限りなく近づくとき, 級数は収束するという.

問題 4-5 公式を用いて, 次の数列の和を求めよ.

(1) 初項 2, 公差 3 の等差数列の第 1 ～ 10 項の和

(2) 初項 8, 公比 1/2 の等比数列の第 1 ～ 5 項の和

Excel を用いると, 数列をワークシートに書き出し, SUM 関数を使うことで簡単に数列の和が求められる.

【演習 4-5】 問題 4-5 を Excel の SUM 関数を用いて計算せよ.

4.7 積 立 貯 金

| 積立貯金の元利合計は等比数列の和として扱うことができる.

積立貯金とは, 毎月同額を貯金していくタイプの貯金である. 簡単のため, ボーナス月の臨時積立金は考えず, 定時積立金のみとする.

基本的な積立貯金として, 月利 r の複利で毎月 a 円を積み立てるときの n 月目の元利合計を求めよう.

1 月目（0 月後）：a

2 月目（1 月後）：$a+a(1+r)$

3 月目（2 月後）：$a+a(1+r)+a(1+r)^2$

…

n 月目（$n-1$ 月後）：$a+a(1+r)+\cdots+a(1+r)^{n-1}$

従って，この積立貯金の n 月目の元利合計は，初項 a，公比 $1+r$ の等比数列の第 1〜n 項の和である．等比数列の和の公式(4.14)において，公比を $1+r$ に置き換えることにより，n 月目の元利合計 S_n は，次の式で表される．

$$S_n = \frac{a[(1+r)^n-1]}{r} \tag{4.16}$$

n 月目までの和 S_n と $n+1$ 月目までの和 S_{n+1} の関係式（漸化式）は，積立貯金残高の月次変化をみることにより，次の式で表される．

$$S_{n+1} = a+(1+r)S_n \tag{4.17}$$

Excel の FV 関数（4.4 節）を使うことでも，積立貯金の将来の残高を知ることができる．積立貯金の将来残高を FV 関数で計算するときは，

FV(利率, 期間, 定期積立額, 0)

とする．第 4 引数は現在価値であるが，積立貯金開始時は預金残高がないので 0 である．

例題 4-12　毎月 5 万円を積み立てるとき，2 年後の元利合計を，Excel を利用して次の 2 通りの計算で求めよ．

(1)　漸化式(4.17)適用

(2)　FV 関数利用

ただし，年利を 1 ％とし，月利＝年利/12 であるとする．

［解法］

図のように，毎月積立金額，年利，積立月数を入力しておく．月利はセル

C3 に "=B3/12" で計算しておく．A6：A29 には，1 から 24 までの整数を入力しておく．なお図では，8〜28 行は非表示にしている．

(1) 漸化式 (4.17) 適用

セル B6 に一月目の積立額を入力する．セル B7 には，漸化式 (4.17) より次の式を入力すればよい．

$$"=\$A\$3+(1+\$C\$3)*B6"$$

この式を B29 まで複写することにより，セル B29 に 2 年後の元利合計を得る．

(2) FV 関数利用

セル D6 に次式を入力すればよい．

$$"=FV(C3,D3,A3,0)"$$

	C6		fx =A3*(POWER(1+C3,D3)-1)/C3	
	A	B	C	D	E
1	積立貯金				
2	積立金額	年利	月利	積立月数	
3	50000	0.01	0.000833	24	
4					
5	月	残高	公式適用	FV関数適用	
6	1	50000	1211571	¥-1,211,571	
7	2	100042			
29	24	1211571			

問題 4-6 年利 1％で毎月の積立金額 3 万円の積立貯金を開始する．1 年後，3 年後，5 年後の残高をそれぞれ求めよ．ただし，月利＝年利/12 とする．

4.8 ローン（元利均等返済方式）

| 元利均等返済方式のローンは，等比数列の和によって計算される．

元利均等返済方式はローンの返済方式の 1 つで，元金と利息の和の毎回返済額を定額とするものである．これは，複利の積立貯金と同様，等比数列の和に

よって計算される.

　元利均等返済方式の具体的計算を以下に示す.

　元利均等返済方式で A 円の借入金を月利 r で n 回返済とするとき, 毎月の返済額 P を求めたい.

　1 回返済の場合,

$$P = A(1+r)$$

　2 回返済の場合, 最初の月に支払った返済額 P には利息が付くので, 2 カ月分の返済額には $P + P(1+r)$ の価値がある. 一方, 借入金 A 円には 2 カ月間の利息がつくので, $A(1+r)^2$ の価値がある. これらを等しいとおいて,

$$P + P(1+r) = A(1+r)^2$$

　3 回返済の場合,

$$P + P(1+r) + P(1+r)^2 = A(1+r)^3$$
$$\cdots$$

n 回返済の場合

$$P + P(1+r) + P(1+r)^2 + \cdots + P(1+r)^{n-1} = A(1+r)^n$$

上式の左辺は初項 P, 公比 $1+r$ の等比数列の第 $1 \sim n$ 項の和である. 等比数列の和の公式 (4.14) より,

$$\frac{P[(1+r)^n - 1]}{r} = A(1+r)^n$$

$$\therefore P = \frac{Ar(1+r)^n}{(1+r)^n - 1} \tag{4.18}$$

これが元利均等返済方式による毎回返済額である.

　式 (4.18) を簡単に計算するための関数として Excel には PMT 関数が用意されている. PMT 関数は財務関数に分類されている. 書式は以下である.

　　　PMT (利率, 期間, 現在価値, 将来価値, 支払期日)

現在価値 (第 3 引数) は, 借入金額である. ローンを完済する場合, 将来価値

（第4引数）は 0 とおくが，これは省略できる．第 5 引数も省略できる．PMT
関数は毎月返済額を負の数として返す．

次に，PMT 関数を使ったローン計算の例を示す．

例題 4-13　借入金額を 100 万円，年利 6 ％，返済期間を 5 年とするとき，
元利均等返済方式で，毎月の返済金額，総返済額，利息総額を求めよ．な
お，月利＝年利/12 とする．

［解法］

図のように借入金額，年利，返済回数を入力しておく．セル B6：B8 には以
下の式を入力する．

$$B6 : \text{“=PMT(B3/12, B4, B2)”}$$
$$B7 : \text{“=B6 * B4”}$$
$$B8 : \text{“=B7+B2”}$$

ここで，PMT 関数の第 1 引数は，年利を月利に直すために 12 で割っている．
利息総額は，総返済額と借入金額の差であるが，PMT 関数は負の値を返すの
で，セル B6 では和を取っている．

	B6	▼	：	×	✓	*fx*	=PMT(B3/12,B4,B2)	
	A	B	C	D	E			
1	ローン							
2	借入金額	1000000						
3	年利	0.06						
4	返済回数	60						
5								
6	毎月返済額	¥-19,333						
7	総返済額	¥-1,159,968.09						
8	利息総額	¥-159,968						

月利＝年利/12 とすることに違和感を抱く読者もあるであろう．これについ
ては第 5 章のコラム 5-1 で議論する．

【演習 4-6】　例題 4-13 の毎月返済額を，式(4.18)を計算することで求め，
PMT 関数による計算結果と一致することを確認せよ．

【演習 4-7】 120万円を借り入れ，5年で返済する．年利が6%，12%，24%のそれぞれにおいて，毎月返済額を求めよ．ただし，月利＝年利/12とする．

【演習 4-8】 クレジットカードのキャッシングの利率を調べ，30万円を借りて12カ月払で返済する場合の毎月返済額，総返済額，利息総額を求めよ．

コラム 4-3　所得とローンと数学

ローンで商品を購入する前に，毎月の返済額が（可処分所得ではなく）自由裁量所得の何割を占めることになるか計算しておくべきである．ここで可処分所得とは，名目所得から税金・年金保険料・社会保険料などの社会的に支出が義務付けられているものを差し引いた所得である．自由裁量所得は，可処分所得からさらに家賃・住宅ローン・水光熱費・食費・通勤通学費・学費等の必要支出を差し引いたものである．

新たにローンを組むことで，毎月返済額が自由裁量所得の大きな部分を占めると，人付き合いにも支障が出るだけでなく，ローン破綻の危機に陥る．

コロンビア大学ビジネススクール等が計算能力とローン返済状況の関係を調査（2013年）したところ，数学が苦手な人は，数学が得意な人よりもローン破綻の確率が5倍にのぼることが明らかになっている．

「学校の勉強は社会に出てから役に立たない」と嘯く人もいるが，数学に限らず，勉強から得た知識や，勉強を通じて身につけた調べ考える習慣は，経済的安定に繋がるのではないだろうか？

コラム 4-4　消費者金融（アドオン方式）

消費者金融（サラ金）の返済方式は，アドオン方式と呼ばれる．消費者金融で金を借りた場合，同じ利率であっても通常のローンよりも実質金利はずっと高くなる．

次の例でアドオン方式を説明しよう．

100万円を年利24%で借り，12ヶ月払いで返済する場合を(1)アドオン方式と(2)元利均等返済方式で比較する．

(1) アドオン方式では次のように計算する.

$$毎月返済額 = \frac{100 万 \times (1 + 0.24)}{12} = 12 万（円）$$

返済総額 ＝ 124 万（円）

利息総額：24 万（円）

　アドオン方式は，利用者から毎月返済させているにもかかわらず貸出金が最終期限に一括返済されるとし，毎月返済した金額に対する利息を無視する計算方式である．

(2) 元利均等返済方式では次のようになる.

毎月返済額 ＝ PMT(0.24/12, 12, 1000000) ＝ 94560（円）

返済総額 ＝ 9456×12 ＝ 1134715（円）

利息総額：134715（円）

　この例では，アドオン方式の利息は元利均等返済方式の利息の 2 倍近くになっている．すなわち，名目年利が同じであっても，アドオン方式の実質利率は元利均等返済方式の利率よりずっと高い.

4.9　ネ ズ ミ 講

> ネズミ講の会員数は等比級数的に増えることを示し，ネズミ講が法的に禁じられている理由を示す.

　ネズミ講は，ネズミ算式に会員数を増やそうとする講である．ここでネズミ算とは，等比級数的に個体数が急激に増えることの例えである．

　ネズミ算は江戸時代の数学者吉田光由によって『塵劫記』(1627) において取り上げられた問題で，以下のようなものである [3b, p.92].

　　　ネズミのカップルが正月に 12 匹の子（6 匹の雄と 6 匹の雌）を生み，2 月には親子 7 組のカップルがそれぞれ 12 匹の子（6 匹の雄と 6 匹の雌）を生む．これを繰り返していけば，このネズミ一族の総数は等比数列の和の形で増え，12 月には約 277 億匹となる.

コラム 4-5　和　算

　和算は江戸時代に日本で独自に発達した数学である．和算では代数方程式や行列式，微積分等が研究されており，当時の中国の数学を凌駕し，西洋数学の到達点に近似する内容を含んでいる [17]．当時の数学者として関孝和が著名であるが，微分法の発見者であるニュートンとほぼ同時期に生涯を送っている．

　私見であるが，明治維新後，日本が速やかに西洋の数学とその教育システムを導入することができたのは，和算家が西洋数学を直ちに理解できたこともあるのではないだろうか？

　ネズミ講（無限連鎖講）は，講の創始者が新規会員（子）を勧誘し，子は親に出資金を上納する．子は新規会員（孫）を勧誘し，孫は子に出資金を上納し，子は親にその一部を上納する．ネズミ講はこれを繰り返して会員数を増大させ，下位の会員から上位の会員へと出資金を上納していくものである．ネズミ講は新規会員を勧誘する際，次のようなことがらを謳う．

　　・たくさん会員を入れるほどたくさん上納金が入り，すぐに出資金を回収できる．
　　・早く会員になればなるほど有利．
　　・働かなくても自動的に金が入ってくるのでサイドビジネスになる．

一見，楽に金儲けができそうであるが，実際にはそうはならない．その理由を以下で明らかにする．

　実際，どの程度のスピードで会員が増えていくか，計算してみよう．次の例題は，子会員を 2 人だけ入会させた者はその後は勧誘を行わない決まりの，「緩やか」に増えるネズミ講である．

　例題 4-14　次のようなシステムのネズミ講を考える．
　　・新規入会した者は入会後 1 週間で 2 人を入会させる（入会するものとする）．
　　・2 人を入会させた会員はその後の新規勧誘をしない．
　このねずみ講の会員数が日本の人口を超えるのはいつ頃か？　また，世界人口を越えるのはいつ頃か？

[解]

このネズミ講の会員数は，次のように増加する．

> 1週目：親1人
> 2週目：親1人＋子会員2人
> 3週目：親1人＋子会員2人＋孫会員2^2人
> …
> n週目：親1人＋子会員2人＋孫会員2^2人＋…＋2^{n-1}人

n週目の会員数をS_nとすると，これは，初項1，公比2の等比数列の第1～n項の和である．等比数列の和の公式(4.14)により，

$$S_n = \frac{1 \cdot (2^n - 1)}{2 - 1} = 2^n - 1$$

ここで，$n=27$（27×7=189日；約半年）としてみる．

$$S_{27} = 2^{27} - 1$$
$$\sim 2^{27}$$
$$\sim 1億3400万（人）$$

すなわち，27週（約半年）で日本の人口を越える（$n=27$の算出法は，第5章例題5-6参照）．

さらに，6週経つと会員数は2^6倍になるが，$2^6 = 64$であるから，

> 1億3400万×64＝85億7600万（人）

すなわち，日本の人口を越えた6週後に世界人口を越える．

上の例題で示したように，ネズミ講の会員数は等比級数的に増加する．ネズミ講は，会員獲得が無限に続く（無限連鎖）ことを前提としているが，現実には人口は有限であり，大多数の下位の会員は出資金を回収することは不可能である．従って，ネズミ講は「無限連鎖講の防止に関する法律」で禁止されている．

コラム 4-6　　マルチ商法（ネットワークビジネス）

> 　ネズミ講類似システムとしてマルチ商法（ネットワークビジネス，マルチレベルマーケティングとも）がある．これは商品販売権（代理店）の名目で会員を勧誘して上納金（加盟金）を獲得しようとするものである．これは違法ではないが勧誘の方法によっては法に触れる場合がある．また，マルチ商法は「人間関係を金に代える」（青木雄二『ナニワ金融道』）システムであり，注意が必要である．

問題 4-7　　豊臣秀吉に仕えた曽呂利新左衛門の逸話（実際には後世の創作とされ，バリエーションがいくつかある）で次のようなものがある．

　　秀吉から，望みの褒美を与えると言われた新左衛門は，三井寺の51 段の階段に，一番下の階段に米一粒置き，倍増しにして 51 段目の階段までの米を所望した．

　この褒美が実際に与えられた場合，新左衛門はどれくらいの米を得ることになるか？　ただし，米 1 kg あたり 43217 粒であるとして計算せよ．

第 5 章　指数関数と対数関数

　平均成長率は相乗平均（分数指数）で計算される．また，指数関数の中でもっとも重要な，e を底とした指数関数について学ぶ．

5.1　指 数 関 数

| 指数関数の基本的性質を学ぶ．

　x を実数とするとき，

$$y = a^x \qquad (a>0,\ a \neq 1)$$

を a を底とする指数関数という．2 を底とする指数関数と $\frac{1}{2}$ を底とする指数関数の数表を**表 5-1** に示す．指数法則 (1.4) により $2^{-n} = \left(\frac{1}{2}\right)^n$ であるから，これは問題 1-7 の数表と同じものである．

表 5-1

x	-3	-2	-1	0	1	2	3
2^x	$\frac{1}{8}$	$\frac{1}{4}$	$\frac{1}{2}$	1	2	4	8
$\left(\frac{1}{2}\right)^x$	8	4	2	1	$\frac{1}{2}$	$\frac{1}{4}$	$\frac{1}{8}$

この表より，$y=2^x$ のグラフ（図 5-1）と $y=\left(\frac{1}{2}\right)^x$ のグラフ（図 5-2）を得る．ここで，

$$2^n = 2 \cdot 2^{n-1}$$
$$\left(\frac{1}{2}\right)^n = \frac{1}{2} \cdot \left(\frac{1}{2}\right)^{n-1}$$

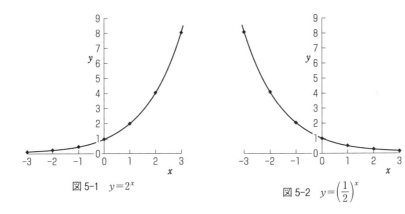

図 5-1　$y=2^x$　　　　図 5-2　$y=\left(\dfrac{1}{2}\right)^x$

であるから，初項 2，公比 2 の等比数列は，指数関数 $y=2x$ において x を自然数に制限したものである．同様に，初項 $\dfrac{1}{2}$，公比 $\dfrac{1}{2}$ の等比数列は，指数関数 $y=\left(\dfrac{1}{2}\right)^x$ において x を自然数に制限したものである．

【演習 5-1】　次の指数関数の組のグラフを描け．また y 切片の値を確認せよ．

(1)　$y=2^x$，$y=\left(\dfrac{1}{2}\right)^x$　　　　　　(2)　$y=3^x$，$y=\left(\dfrac{1}{3}\right)^x$

指数関数 $y=a^x\,(a>0)$ には以下の性質がある．
(1)　任意の底の指数関数は $(0, 1)$ を通る．
(2)　$a>1$ の場合は単調増加（右肩上がり）である．$0<a<1$ の場合は単調減少（右肩下がり）である．
(3)　指数関数の値域は $y>0$ である．

5.2 分 数 指 数

| 指数を有理数に拡張する．指数法則は指数が有理数でも成り立つ．

n乗根（nべき根）を指数で表そう．

まず，平方根を指数形式で書くことを考える．$a>0$ のとき，

$$\sqrt{a}=a^x$$

と置く．両辺を2乗して，

$$a=a^{2x}$$

指数同士を等しいと置いて，

$$1=2x$$

$$x=\frac{1}{2}$$

$$\therefore \sqrt{a}=a^{\frac{1}{2}}$$

a の n乗根は，n乗すると a になる数であり，$\sqrt[n]{a}$ と書く．$a>0$ のとき，

$$\sqrt[n]{a}=a^x$$

と置く．両辺を n乗して，

$$a=a^{nx}$$

指数同士を等しいと置いて，

$$1=nx$$

$$x=\frac{1}{n}$$

$$\therefore \sqrt[n]{a}=a^{\frac{1}{n}}$$

次に，分子が1ではない分数指数について考える．

a^2 の三乗根 $\sqrt[3]{a^2}$ を a^x とおく．すなわち，

$$\sqrt[3]{a^2}=a^x$$

両辺を 3 乗して，

$$a^2=a^{3x}$$

指数同士を等しいと置いて，

$$2=3x$$

$$x=\frac{2}{3}$$

$$\therefore \sqrt[3]{a^2}=a^{\frac{2}{3}}$$

同様のことが a^m の n 乗根に対して成り立つから，一般に，

$$\sqrt[n]{a^m}=a^{\frac{m}{n}} \tag{5.1}$$

　以上で示したことは，べき乗の指数は有理数に拡張できるということである．また，1.4 節で示した指数の性質・法則は，指数が有理数の場合にも成立する．

例題 5-1　次の値を求めよ．

(1) $\sqrt[3]{8}$　　　　(2) $4^{\frac{1}{2}}$　　　　(3) $27^{\frac{1}{3}}$　　　　(4) $27^{\frac{2}{3}}$

［解］
(1)　これは 8 の 3 乗根，すなわち 3 乗すると 8 になる数である．よって 2．
(2)　これは 4 の平方根である．よって 2．
(3)　$27^{\frac{1}{3}}=(3^3)^{\frac{1}{3}}=3^{3\times\frac{1}{3}}=3^1=3$
(4)　$27^{\frac{2}{3}}=(27^{\frac{1}{3}})^2=3^2=9$

問題 5-1　次の値を求めよ．

(1) $9^{\frac{1}{2}}$　　(2) $8^{\frac{1}{3}}$　　(3) $8^{\frac{2}{3}}$　　(4) $\sqrt[3]{27}$　　(5) $16^{\frac{3}{4}}$　　(6) $\sqrt[3]{64}$

【演習 5-2】　例題 5-1 および問題 5-1 を関数電卓および Excel で計算せよ．

問題 5-2   次の式を簡単にせよ.

(1) $a^{\frac{1}{2}}a^{-\frac{3}{2}}$ (2) $\left(a^{-\frac{4}{3}}\right)^{\frac{3}{2}}$ (3) $a^3 \div a^{\frac{1}{2}}$ (4) $9^{\frac{3}{4}}9^{-\frac{1}{4}}$

5.3 平均成長率

| 平均成長率はべき根によって表される.

平均成長率は, 売上・GDP・生物の個体数等のある期間における平均の増加率である. 平均成長率は, 成長率の算術平均ではなく, べき根によって表される.

例題 5-2   基準年の売上が 100 万円, 2 年後の売上が 200 万円の場合, この 2 年間の年平均成長率を求めよ.

［誤答例］

2 年間で 2 倍になったから 2 年間の成長率は 100 ％である（式(1.1)参照）. 従って, 年平均成長率は,

$$100 \div 2 = 50 \ (\%) \qquad (?)$$

もしも年平均成長率が 50 ％なら, 2 年間では売上は,

$$(1+0.5)^2 \text{倍} = 2.25 \text{倍}$$

となり, 2 倍とはならない（この部分は背理法である）.

［解］

年平均成長率を r, 基準年の売上を 100 とする. 1 年後の売上は $100(1+r)$, 次の年の売上は $100(1+r)^2$ となる. 2 年間で売上が 2 倍になったわけであるから, 基準年の 2 年後の売上は 200 である. よって,

$$100(1+r)^2 = 200$$

平方根のうち正のものだけ考えればよいから,

$$1+r=\sqrt{2}$$
$$\therefore r=\sqrt{2}-1=1.41\cdots-1\sim0.41$$

すなわち，2 年間の年平均成長率は 約 41 ％である．

基準年の売上を A_0，基準年の 2 年後の売上を A_2，2 年間の年平均成長率を r とすると，r は以下のように求められる．

$$A_0(1+r)^2=A_2$$
$$1+r=\sqrt{\frac{A_2}{A_0}}$$
$$\therefore r=\sqrt{\frac{A_2}{A_0}}-1$$

n 年間の年平均成長率も同様に考えることができる．基準年の売上を A_0，基準年の n 年後の売上を A_n，n 年間の年平均成長率を r とすると，r は以下のように求められる．

$$A_0(1+r)^n=A_n$$
$$1+r=\sqrt[n]{\frac{A_n}{A_0}}$$
$$\therefore r=\sqrt[n]{\frac{A_n}{A_0}}-1 \tag{5.2}$$

例題 5-3　中国の人口は，1949 年（中華人民共和国成立）に 5.4 億人であったのが，1982 年に 10 億人とほぼ倍増したという．この間の年平均人口増加率を求めよ．

[略解]

式 (5.2) において，$n=33$，$A_0=5.4$，$A_{33}=10$ とすると，

$$r=\sqrt[33]{\frac{10}{5.4}}-1$$

右辺の値を Excel で計算するには POWER 関数を使えばよい．$\sqrt[33]{a}=a^{\frac{1}{33}}$ であ

るから，

$$POWER(10/5.4, 1/33)-1=0.018848$$

よって，33 年間の年平均人口増加率は約 1.9 ％である．

[問題 5-3]　次の年平均成長率を求めよ．

(1)　2 年間で売上が 50 ％増えた　　(2)　GDP が 10 年間で 50 ％増大した

[コラム 5-1]　月利＝年利/12 なのか？

> 　第 4 章ではローンの計算で，月利＝年利/12 として計算してきた．しかし，複利計算の立場からはこの月利の計算法は正しくない．月利＝年利/12 とするのは単利の計算法である．同様に，半年の利率＝年利/2 とするのも本来正しくない．
> 　年利を R，月利を r とすると，$1+r$ を 12 回掛けたものが $1+R$ となるわけであるから，複利計算に基づく月利 r は次のように計算できる．
> $$1+R=(1+r)^{12}$$
> よって，
> $$r=\sqrt[12]{1+R}-1$$

　ある年数にわたって，年ごとの成長率が分かっているとき，この期間の年平均成長率は，幾何平均（相乗平均）によって求められる．

　幾何平均は，a, b 2 つの量に対する $\sqrt{ab}$，a, b, c 3 つの量に対する $\sqrt[3]{abc}$ のように，積で表される量に対してそのべき根を取るものである．ただし，$a, b, c>0$ とする．一般には，正の数 $a_1, a_2, \cdots, a_n$ に対する $\sqrt[n]{a_1 a_2 \cdots a_n}$ が幾何平均（相乗平均）である．

　Excel では幾何平均（geometric mean）は，GEOMEAN 関数で求められる．GEOMEAN 関数は統計関数に分類されている．GEOMEAN 関数の書式は，

$$GEOMEAN(数値 1，数値 2，\cdots)$$

である．

例題 5-4

(1)　2 辺の長さが 2 と 8 の長方形の面積は，一辺がどれだけの長さの正方形の面積に等しいか？

(2)　3 辺の長さが 2，4，8 の直方体の体積は，一辺がどれだけの長さの立方体の体積に等しいか？

［解］

(1)　この長方形の面積は 2×8 である．これと面積が等しい正方形の一辺は，

$$\sqrt{2 \times 8} = 4$$

GEOMEAN 関数では，次のように計算する．

　　　　"=GEOMEAN(2, 8)"

(2)　この直方体の体積は 2×4×8 である．これと体積が等しい立方体の一辺は，

$$\sqrt[3]{2 \times 4 \times 8} = 4$$

GEOMEAN 関数では，次のように計算する．

　　　　"=GEOMEAN(2, 4, 8)"

また，図のように，平均を取る対象の数値をセル範囲に与えておき，GEOMEAN 関数の引数でそのセル範囲を指定してもよい．

	B6	▼	*fx*	=GEOMEAN(B3:B5)	
	A	B	C	D	
1	幾何平均とGEOMEAN関数				
2					
3	値	2			
4		4			
5		8			
6	幾何平均	4			

　この例題で分かるように，幾何平均は，幾何学的にはある図形の面積に等しい正方形の一辺，ある立体の体積に等しい立方体の一辺を求める計算である．

　次に平均成長率の問題を解いてみよう．

例題 5-5　基準年から 1 年間の成長率が 10 ％，次の年の成長率が 90 ％のとき，この 2 年間の年平均成長率を求めよ．

[誤答例]

単年度がそれぞれ 10 ％と 90 ％であるから，

$$年平均成長率 = \frac{0.1 + 0.9}{2} = 0.5 \ (50\%) \qquad (?)$$

もしも，年平均成長率が 50 ％なら 2 年間では売上げは

$$(1 + 0.5)^2 = 2.25 \ 倍$$

になる．しかし実際の売上げは，

$$(1 + 0.1)(1 + 0.9) = 2.09 \ 倍$$

であり，2.25 倍ではない（この部分は背理法である）．

[解]

基準年の売上を A_0，2 年後の売上を A_2，2 年間の年平均成長率を r とすると，

$$A_2 = A_0(1 + r)^2$$

一方，

$$A_2 = A_0(1 + 0.1)(1 + 0.9)$$

辺々割り算をすれば A_0，A_2 を消去できる．

$$1 = \frac{(1 + r)^2}{(1 + 0.1)(1 + 0.9)}$$
$$(1 + r)^2 = (1 + 0.1)(1 + 0.9)$$
$$\therefore r = \sqrt{(1 + 0.1)(1 + 0.9)} - 1$$
$$\text{GEOMEAN}(1 + 0.1, \ 1 + 0.9) - 1 = 0.4456832$$

つまり，年平均成長率は約 45 ％である．

2 年間の成長率がそれぞれ r_1, r_2 であったとき，この 2 年間の年平均成長率 r は，

$$(1+r)^2 = (1+r_1)(1+r_2)$$

より，

$$r = \sqrt{(1+r_1)(1+r_2)} - 1$$

一般に，n 年間の成長率がそれぞれ r_1, r_2, $\cdots$, r_n であったとき，この n 年間の年平均成長率 r は，

$$r = \sqrt[n]{(1+r_1)(1+r_2)\cdots(1+r_n)} - 1 \tag{5.3}$$

コラム 5-2　音楽と分数指数

音楽と分数指数は密接な関係がある．

人間は，音の振動数が 2 倍になると音程が元に返ったように感じる．この振動数 2 倍の間隔が 1 オクターブである．現在，世界で広く用いられている西洋平均律音階は，1 オクターブの間隔を 12 の半音に分ける．

ある音とそれより半音高い音との振動数の比を r とすると，r を 12 回掛けたものが 2 倍に等しいわけであるから

$$r^{12} = 2$$
$$\therefore r = 2^{\frac{1}{12}} \approx 1.06$$

この関係が直接的な形で見えるのが弦楽器である．弦の長さと，弦の発する音の振動数の間には，

$$\text{振動数} \propto \frac{1}{\text{弦の長さ}}$$

の関係がある．1 本の弦だけで音程を半音ずつ変えていく場合，指で弦を押さえる位置は，公比が約 $\frac{1}{1.06}$ の等比数列的に変化するわけである．

古代ギリシャのピタゴラス（ピュタゴラス）は，協和音の研究にあたって弦の長さと音との関係を調べ，ピタゴラス音律を作ったと伝えられる．

問題 5-4　次の平均成長率を求めよ.

(1) 基準年から1年後の成長率が 20 %，次の年の成長率が 80 %のとき，
2年間の年平均成長率

(2) 3年間の成長率がそれぞれ 10 %，50 %，90 %であったとき，この 3
年間の年平均成長率

5.4　e と複利計算

| 複利計算から自然対数の底 e を導入する.

$$e=\lim_{n\to\infty}\left(1+\frac{1}{n}\right)^n=2.718\cdots \tag{5.4a}$$

で与えられる無理数 e を自然対数の底，またはネイピア数という．e は，指数
や対数によって数値・数式を表すときに基本となる非常に重要な数である．e
は，数学者ヤコブ・ベルヌーイによって複利計算の考察に関係して発見された
[3b, p. 104]．自然対数については 5.7 節で学ぶ.

式 (5.4a) に現れた $\lim_{n\to\infty}a_n$ は，無限数列 $\{a_n\}$ において n を限りなく大きくす
ることを表す．n を限りなく大きくするとき，a_n が一定の値 c に限りなく近
づく場合，$\{a_n\}$ は c に収束するという．またこのとき c を数列 $\{a_n\}$ の極限値
という．例えば，$a_n=\frac{1}{n}$ のとき，

$$\lim_{n\to\infty}\frac{1}{n}=0$$

以下，e を複利計算から導入しよう.

年利が 100 %の場合，1年後の元利合計は借入金の $1+1=2$ 倍になる.

半年の利率が 50 %で半年複利の場合，1年後の元利合計は借入金の

$$\left(1+\frac{1}{2}\right)^2=2.25 \text{ 倍になる.}$$

$\frac{1}{4}$ 年（3カ月）の利率が 25 %で3カ月複利の場合，1年後の元利合計は借入

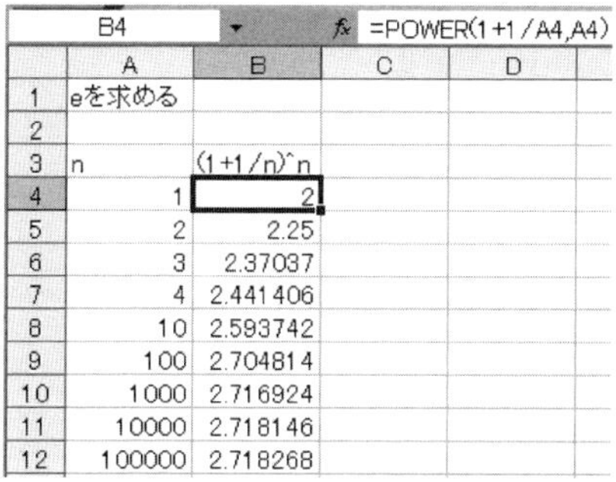

	A	B	C	D
	B4	▼	*fx* =POWER(1+1/A4,A4)	
1	eを求める			
2				
3	n	(1+1/n)^n		
4	1	2		
5	2	2.25		
6	3	2.37037		
7	4	2.441406		
8	10	2.593742		
9	100	2.704814		
10	1000	2.716924		
11	10000	2.718146		
12	100000	2.718268		

図 5-3

金の $\left(1+\dfrac{1}{4}\right)^4=2.44\cdots$ 倍になる.

　このようにして，1年の $\dfrac{1}{n}$ 期間の利率を $\dfrac{1}{n}$ として，1年の $\dfrac{1}{n}$ 期間毎の複利として計算すると，1年後の元利合計は借入金の $\left(1+\dfrac{1}{n}\right)^n$ 倍となる．この値の数値計算の結果を図 5-3 に示す.

$$\text{“=POWER}(1+1/A4,\ A4)\text{”}.$$

図 5-3 から分かるように，n を大きくしていくと $\left(1+\dfrac{1}{n}\right)^n$ は次第に大きくなっていくが無限大にはならず，2.718… で頭打ちになる．この極限値が e である.

　式(5.4a)において，$h=\dfrac{1}{n}$ とおけば，$n\to\infty$ のとき，$h\to0$ であるから，式(5.4a)は，次の形にも書ける.

$$e=\lim_{h\to0}(1+h)^{\frac{1}{h}} \tag{5.4b}$$

　式(5.4a, b)で定義される数を e と書くのは数学者・物理学者・天文学者オイラー（Euler）による．オイラーは，解析学において e の研究を行っている.

【演習 5-3】　式(5.4a)，(5.4b)に基づいて，Excel を用いて e の近似値を計算せよ.

5.5 e を底とした指数関数

| e を底とした指数関数は, 指数関数の中で最も重要なものである.

e を底とした指数関数 e^x は, $\exp(x)$ とも表現される. ここで exp は, exponential function (指数関数) に由来する.

$$e=2.718\cdots>1$$

であるから, $y=e^x$ は単調増加関数, $y=e^{-x}$ は単調減少関数である (図5-4).
a を底とする指数関数 $y=a^x$ は, $a=e^\alpha$ と置くことにより,

$$y=e^{\alpha x} \tag{5.5}$$

と書き直すことができる. $y=e^{\alpha x}$ は, α が正の時は単調増加関数で, α が負の時は単調減少関数である. 社会科学でも自然科学でも, 指数関数は式(5.5)の形で表すことが多い.

人口論におけるマルサス的成長 (次節参照) は $y=e^{\alpha x}$ $(\alpha>0)$ の形で表される. また, 放射性物質は放射線を発して別の物質に変わっていくが, その時間変化の様子は時間 t の関数として, $y=e^{-\alpha t}$ $(\alpha>0)$ の形で表される. 放射性同位元素を利用した年代測定は, この関数を利用している.

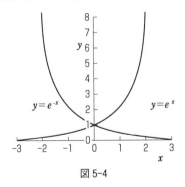

図 5-4

【演習 5-4】 関数グラフィックスツールを用いて $y=e^x$ と $y=e^{-x}$ のグラフを描け.

e を底とする指数関数 e^x は数学的にも応用的にも非常に重要である. それは, e を底とする指数関数は微分しても同型, すなわち,

$$(e^x)' = e^x$$

であり, 解析的な扱いが簡単になるからである. これについては第 6 章で学ぶ.

コラム 5-3　$e^{i\pi} + 1 = 0$

e の世間的認知度は, 円周率 π に比べると低いが, その重要性は π に勝るとも劣らない.

自然対数の底 e, 円周率 π, 虚数単位 i の間には, 次のような簡単な関係がある.

$$e^{i\pi} + 1 = 0$$

これはオイラーの公式

$$e^{i\theta} = \cos\theta + i\sin\theta$$

において, $\theta = \pi$ とすることで得られる.

オイラーの公式を使えば, 三角関数の加法定理は, 指数の性質から簡単に導かれる. 興味のある読者は, $\theta = \alpha + \beta$ として, $e^{i(\alpha+\beta)} = e^{i\alpha}e^{i\beta}$ をオイラーの公式で計算してみるとよい.

5.6　マルサス的成長とロジスティック成長

生物の個体数等の指数関数的増加と, 環境要因によるその飽和について学ぶ.

吉田光由は『塵劫記』(1627 年) で, 生物の個体数の等比級数的増大を示した (4.9 節). また, イギリスの経済学者マルサスは, 『人口論』(1798 年) で, 抑制がなければ人口は等比級数的に増大することを示して人口問題を論じた (なお, マルサス当時のイギリスにおいては, 人口増加と貧困が問題になっていた).

離散性 (数が飛び飛びであること, ここでは整数であること) を問題にしないなら, この問題を等比級数ではなく, 連続関数である指数関数で考えてよい. すると

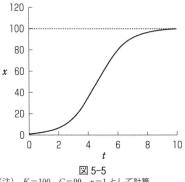

図 5-5
(注)　$K=100$，$C=99$，$r=1$ として計算.

生物の個体数 x は時間 t の関数として，

$$x(t)=x_0 e^{mt} \tag{5.6}$$

で表わされる．m はマルサス係数と呼ばれる．x_0 は $t=0$ の時の個体数である．
式 (5.6) で表される指数関数的個体数増加をマルサス的成長という.

　しかし，環境資源は有限であり，個体数の指数関数的な爆発的増大はいずれ
頭打ちになり，飽和する．この性質は，以下の関数で表すことができる [18].

$$x(t)=\frac{K}{1+Ce^{-rt}} \quad (r>0) \tag{5.7a}$$

この関数をロジスティック関数といい，そのグラフを図 5-5 に示す．ロジスティック曲線に従う個体数の増加をロジスティック成長という．後の章での参照
のため，(5.7a) の関数名 x を f に，変数 t を x に置き換えた関数を以下に示し
ておく.

$$f(x)=\frac{K}{1+Ce^{-rx}} \quad (r>0) \tag{5.7b}$$

【演習 5-5】　式 (5.7b) で $K=100$，$C=99$ とし，r を様々に変化させたグ
ラフを，関数グラフィックスツールを用いて描け.

ロジスティック成長は経済現象にも現れる.

　新しいジャンルの耐久消費財が発売された初期は，高価で知名度も低いことから普及速度は遅い．しかし優れた製品ならある時期から急速に普及を始める．さらに普及が進むと売れ行きは買い換え需要のみになり一定に近づく．テレビ・冷蔵庫・エアコン・携帯電話等の家電製品の登場と普及期における爆発的な販売量の増加，およびその後の飽和状態はロジスティック成長の例となっている．

5.7　指数と対数
┃ 対数は指数の逆算法である．

　2を3乗すると8になる（$2^3=8$）が，逆に2をx乗すれば8になる数xを考えると，$x=3$である．ここで，2をx乗すれば8になる数を$\log_2 8$と書く．当然ながら，

$$\log_2 8 = 3$$

である．これは，2を底とする指数関数$y=2^x$において，$y=8$のときのxの値を逆算で求めることに対応する（図5-6）．$\log_2 x$を2を底とする対数という．対数は指数の逆算法である．
　対数の定義より，指数と対数は以下のように対応している．

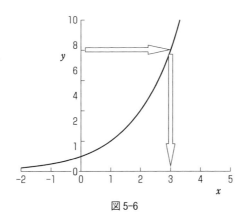

図 5-6

$$2^3=8 \Leftrightarrow \log_2 8=3$$
$$2^4=16 \Leftrightarrow \log_2 16=4$$
$$2^5=32 \Leftrightarrow \log_2 32=5$$
$$\cdots$$

また,

$$2^1=2 \Leftrightarrow \log_2 2=1$$
$$2^0=1 \Leftrightarrow \log_2 1=0$$
$$2^{-1}=\frac{1}{2} \Leftrightarrow \log_2 \frac{1}{2}=-1$$
$$2^{-2}=\frac{1}{4} \Leftrightarrow \log_2 \frac{1}{4}=-2$$
$$\cdots$$

$2^x=y$ とおくと $y>0$ であるから, $\log_2 y$ において $y>0$ である. y を x と書き換えると,

$$\log_2 x \text{ において } x>0$$

この議論は底 a $(a>0)$ が何であっても成り立つから,

$$\log_a x \text{ において } x>0$$

x をこの対数の真数という. すなわち, 対数の真数は正である.

　表 5-2 に, 2 を底とする対数の表を記した. x として, 等比数列 $\{2^n\}$ の値を選んだ. この表から分かるように, 等比数列 $\{2^n\}$ に対し, この数列の 2 を底とする対数を取った数列は等差数列 $\{n\}$ となる.

表 5-2

x	$\frac{1}{4}$	$\frac{1}{2}$	1	2	4	8	16	32
$\log_2 x$	-2	-1	0	1	2	3	4	5

　これは, **表 5-1** において x と 2^x を入れ替えた (1 行目と 2 行目を入れ替えた) ものに等しい.

問題 5-5 次の対数表を完成させよ.

(1)　3 を底とする対数表

x	$\dfrac{1}{9}$	$\dfrac{1}{3}$	1	3	9	27
$\log_3 x$						

(2)　10 を底とする対数表

x	$\dfrac{1}{100}$	$\dfrac{1}{10}$	1	10	100	1000
$\log_{10} x$						

(3)　$\dfrac{1}{2}$ を底とする対数表

x	$\dfrac{1}{8}$	$\dfrac{1}{4}$	$\dfrac{1}{2}$	1	2	4
$\log_{\frac{1}{2}} x$						

表 5-2 および問題 5-5 で作成した表から, 底が何であっても,

$$\log_a 1 = 0 \tag{5.8}$$
$$\log_a a = 1 \tag{5.9}$$

が言えそうである. 実際, 任意の a $(a>0,\ a\neq1)$ に対して, 対数の定義より,

$$a^0 = 1 \ \Leftrightarrow \ \log_a 1 = 0$$
$$a^1 = a \ \Leftrightarrow \ \log_a a = 1$$

　一般に, a $(>0,\ \neq1)$ を底とする対数を $\log_a x$ と書く. 特に, e を底とする対数を自然対数という. 自然対数は通常, 底を省いて $\log x$ と書く. また, $\ln x$ とも書かれる. 10 を底とする対数を常用対数といい, $\log_{10} x$ と書く.

　対数の値は関数電卓で簡単に求められる. Excel では自然対数は LN 関数で求められる. 常用対数は LOG10 関数で求められる. 底が e, 10 以外の一般の対数 $\log_a x$ は LOG 関数 (LOG(x, a)) で求められる. これらの関数はいずれも数学関数に分類されている.

例題 5-6　2^n-1 が日本の人口を超える整数 n を求めよ（例題 4-14 参照）．ここで，日本の人口は 1 億 3000 万人とする．

［解］

　　n が大きくなると $2^n \gg 1$ であるから，$2^n-1 \sim 2^n$．従って，

$$2^n = 130000000$$

となる n を求めればよい．上式の両辺の 2 を底とする対数を取る．

$$n = \log_2 130000000 = 26.95394$$

よって，

$$n = 27$$

例題 5-7　次の値を求めよ．

(1)　$\log_3 9$　　　　　　(2)　$\log_2 \dfrac{1}{4}$　　　　　　(3)　$\log_4 2$

［解］

(1)　これは 3 を何乗すると 9 になるかを表す数である．よって 2．

(2)　これは 2 を何乗すると $\dfrac{1}{4}$ になるかを表す数である．よって -2．

(3)　これは 4 を何乗すると 2 になるかを表す数である．よって $\dfrac{1}{2}$．

【演習 5-6】　例題 5-6，5-7 の結果を関数電卓および Excel で確認せよ．

5.8　対数の性質

❘ 対数の性質は，指数の性質に対応している.

$$\log_a 1 = 0 \quad \log_a a = 1$$

は前節で示した. 指数法則に対応して，以下が言える.

$$\log_a PQ = \log_a P + \log_a Q \tag{5.10}$$

$$\log_a \frac{P}{Q} = \log_a P - \log_a Q \tag{5.11}$$

$$\log_a P^\alpha = \alpha \log_a P \tag{5.12}$$

式(5.10)は，対数では掛け算が足し算になること，式(5.11)は，対数では割り算が引き算になること，式(5.18)は，対数ではべき乗が掛け算になることを示している. これは，対数が指数演算における指数部分の演算を表しているためである.

　次に示す式は，対数の底の変換公式と呼ばれる.

$$\log_a P = \frac{\log_b P}{\log_b a} \tag{5.13}$$

これを示すには，$P = a^p$ の両辺の b（$b > 0$，$b \neq 1$）を底とする対数を取る.

$$\log_b P = \log_b a^p = p \log_b a = \log_a P \cdot \log_b a$$

$$\therefore \log_a P = \frac{\log_b P}{\log_b a}$$

例題 5-8　次の計算を行え.

(1)　$\log_{10} 2 + \log_{10} 5$　　(2)　$\log_2 12 - \log_2 3$　　(3)　$\log_3 81$　　(4)　$\log_8 32$

［解］

(1)　$\log_{10} 2 \times 5 = \log_{10} 10 = 1$

(2)　$\log_2 \dfrac{12}{3} = \log_2 4 = 2$

(3) $\log_3 3^4 = 4\log_3 3 = 4$

(4) $\dfrac{\log_2 32}{\log_2 8} = \dfrac{\log_2 2^5}{\log_2 2^3} = \dfrac{5\log_2 2}{3\log_2 2} = \dfrac{5}{3}$

問題 5-6 次の計算を行え.

(1) $\log_2 \dfrac{1}{8}$　　(2) $\log_{10} 0.001$　　(3) $\log_2 \sqrt{2}$　　(4) $\log_6 3 + \log_6 12$

(5) $\log_2 3 - \log_2 6$　　(6) $\log_{10} \sqrt[3]{100}$　　(7) $\log_4 8$　　(8) $\log_2 5 \cdot \log_5 8$

5.9 対 数 関 数

対数関数は指数関数の逆関数である. 底が1より大きい対数関数は単調増加関数で, 底が0より大きく1より小さい対数関数は単調減少関数である.

逆関数を求める手続 (3.7 節) に従って, 指数関数の逆関数を求めよう. 指数関数 $y = a^x$ $(a > 0,\ a \neq 1)$ において, x と y を交換すると, $x = a^y$ となる. 任意の y に対して $a^y > 0$ であるから $x > 0$ である. 対数の定義により $x = a^y$ は,

$$y = \log_a x \quad (a > 0,\ a \neq 1) \tag{5.14}$$

と書ける. 定義域は, $x > 0$ である. 式(5.14)を, a を底とする対数関数という.

対数関数 $y = \log_a x$ と指数関数 $y = a^x$ は互いに逆関数であるから, $y = \log_a x$ と $y = a^x$ は $y = x$ に関して対称である. 図 5-7 に, $y = \log_2 x$ と $y = 2^x$ のグラフを示す.

底が1より大きい対数関数は単調増加関数で, 底が0より大きく1より小さい対数関数は単調減少関数である. 図 5-8 に, $y = \log_2 x$ と $y = \log_{\frac{1}{2}} x$ のグラフを示す.

図 5-8 において, $y = \log_2 x$ のグラフと $y = \log_{\frac{1}{2}} x$ のグラフはともに $(1,\ 0)$ を通っているが, 任意の底の対数関数は $(1,\ 0)$ を通る. これは, 任意の底 $a > 0$ に対して,

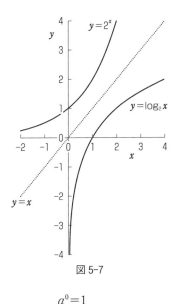

図 5-7

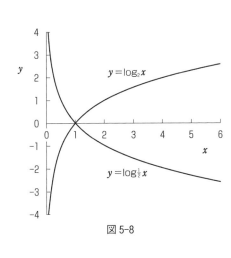

図 5-8

$$a^0 = 1$$

であることに対応して,

$$\log_a 1 = 0$$

だからである.

　図 5-8 から分かるように，$y = \log_2 x$ は，x が増加するとともに y の増加の割合は緩やかになっていく．これは底が 1 よりも大きい対数関数は全て同様である．また，$y = \log_{\frac{1}{2}} x$ は，x が増加するとともに y の減少の割合は緩やかになっていく．これは底が 1 よりも小さく 0 より大きい対数関数は全て同様である.

【演習 5-7】　関数グラフィックスツールを用いて次の対数関数のグラフを描け.
(1)　$y = \log_3 x$　　　(2)　$y = \log_{10} x$　　　(3)　$y = \log_{\frac{1}{2}} x$　　　(4)　$y = \log x$

5.10 対数と自然・社会

> 対数は，生物の外界からの刺激に対する感受性に現れ，効用関数のモデルとしても使われる.

図 5-8 から分かるように，底が 1 より大きいとき，対数を 1 増やすために必要な x の増分は，x が大きくなればなるほど大きくなる．これは，x の増加に対して対数の増加は次第に鈍感になっていくことを意味する.

生物の外界からの刺激に対する感受性も，刺激の増加に対して次第に鈍感になっていくものが多い．例えば，音の大きさを表すデシベルは対数で定義されている.

生物の光の明るさに対する感受性も同様である．星の明るさの等級も対数で決められている.

対数で表わされている量で身近なものとして，地震の大きさを表すマグニチュードがある．マグニチュード M は，地震波のエネルギー E と以下の関係がある.

$$\log_{10} E = 4.8 + 1.5M \tag{5.15a}$$

これを指数で表すと次のようになる.

$$E = 10^{4.8 + 1.5M} = 10^{4.8} \cdot 10^{1.5M} \tag{5.15b}$$

M が 2 増えると，$10^{1.5 \times 2} = 1000$ であるから，エネルギーは 1000 倍になる．M が 0.2 増えると，$10^{1.5 \times 0.2} = 1.995\cdots$，であるからエネルギーは約 2 倍になる.

問題 5-7 地震のマグニチュードが 0.4 増えるとエネルギーはおよそ何倍になるか？

例題 5-9 ヒトの細胞の数を 37 兆個とすると，受精卵から何回細胞分裂したと考えられるか？ なお，細胞分裂は一回につき細胞数が 2 倍になるものとする.

［解］

細胞分裂の回数を x とする.

$$2^x = 37 \times 10^{12}$$

$$x = \log_2(37 \times 10^{12}) = \log_2 37 + 12\log_2 10 \sim 5.2 + 12 \times 3.3 \sim 45 \text{（回）}$$

　社会科学において対数関数が使われる例として，経済学における効用関数（コラム 3-3 参照）がある．対数関数は，x の増加に対して y の増加が次第に鈍感になっていくため，効用関数の性質を満たしている.

第 6 章　微　積　分

　微分は関数を知るためのツールである．この章では，微積分の基礎を学ぶとともに，テイラー展開や偏微分についても学ぶ．

6.1　微 分 係 数
| 微分係数は接線の傾きあるいは瞬間的な変化率を表す．

　利潤関数や費用関数等の最大・最小は，関数の極大値・極小値がその候補である．関数が極大・極小となる点は，図 6-1a，b に示すように，その点での接線の傾きが 0 になる点である．そこで $y=f(x)$ があるとき，この曲線上の任意の点における接線の傾きを求めることが必要になる．この接線の傾きが，微分係数である．

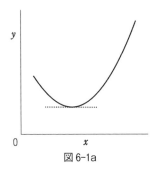

図 6-1a

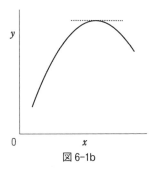

図 6-1b

　微分係数は曲線上の 2 点を結ぶ直線の傾きの極限として求められる．図 6-2a に示すように，点 $(a, f(a))$ とその近傍の点 $(b, f(b))$ を結ぶ直線の傾き $\dfrac{f(b)-f(a)}{b-a}$ を考え，b を a に限りなく近づけていった時の極限値が点 $(a, f(a))$ における接線の傾き，すなわち微分係数となる．x の増分 $b-a$ を Δx，y の増分 $f(b)-f(a)$ を Δy と書くと，

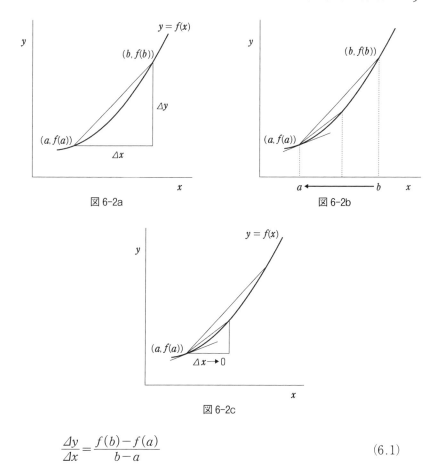

図 6-2a

図 6-2b

図 6-2c

$$\frac{\Delta y}{\Delta x} = \frac{f(b)-f(a)}{b-a} \qquad (6.1)$$

これは x が a から b まで変化するときの関数 $f(x)$ の変化率で，平均変化率と呼ばれる．ここで Δ はギリシャ文字でデルタと読む．Δ は大文字で，小文字は δ である．ラテン文字では d に対応する．Δ および δ は差（difference）や微小変化を表す際，よく使われる．

ここで，図 6-2b のように，b を a に近づけよう．このとき図 6-2c のように，Δx は小さくなっていく．b を a に限りなく近づけた（Δx を限りなく 0 に近づけた）ときの直線の傾きを $f'(a)$ と書くと，

$$f'(a) = \lim_{\varDelta x \to 0} \frac{\varDelta y}{\varDelta x} = \lim_{b \to a} \frac{f(b) - f(a)}{b - a} \tag{6.2}$$

また，$b = a + h$ と置くと，b を限りなく a に近づけることは h を限りなくゼロに近づけることであるから，

$$f'(a) = \lim_{h \to 0} \frac{f(a+h) - f(a)}{h} \tag{6.3}$$

とも書ける．式(6.2)または(6.3)で定義される $f'(a)$ を，関数 $f(x)$ の $x = a$ における微分係数という．これは $x = a$ における接線の傾きである．

コラム 6-1　ニュートンとライプニッツ

　ニュートンとライプニッツの間には，微積分法の先取権を巡る争いがあった．現在は，両者が微積分法の創始者とされている．なお，現在広く使われている微積分記号のほとんどはライプニッツによるものである．

6.2　導　関　数

> 関数 $f(x)$ の導関数とは，微分係数 $f'(a)$ を a の関数とみて a を x に置き換えたものである．x^α の導関数は，$\alpha x^{\alpha-1}$ である．

　関数 $f(x)$ の $x = a$ における微分係数は，x が連続で滑らかな関数なら任意の a について 1 通りに決められる．つまり，$f'(a)$ は a の関数である．そこで a を変数 x に置き換えて，

$$f'(x) = \lim_{h \to 0} \frac{f(x+h) - f(x)}{h} \tag{6.4}$$

とするとき，$f'(x)$ を $f(x)$ の導関数という．また，導関数を求めることを微分するという．$y = f(x)$ の導関数には，y'，$\dfrac{dy}{dx}$，$\dfrac{d}{dx} f(x)$ 等の記法もある．

　$\varDelta x \to 0$ の極限で表記すれば，

$$\frac{dy}{dx} = \lim_{\Delta x \to 0} \frac{\Delta y}{\Delta x} = \lim_{\Delta x \to 0} \frac{f(x + \Delta x) - f(x)}{\Delta x} \tag{6.5}$$

と書くこともできる.

　ここまでは，関数の変数を x で表してきたが，関数の変数は様々な文字で表される．それに伴って，導関数を求める際も様々な変数で関数を微分することになる．例えば，費用関数 c が価格 p の関数として $c(p)$ と表されるなら，その導関数は $\frac{dc}{dp}$ と表される．売上 U が生産量 q の関数として $U(q)$ と表されるなら，その導関数は $\frac{dU}{dq}$ と表される．距離 x が時間 t の関数として $x(t)$ と表されるなら，その導関数は $\frac{dx}{dt}$ と表される（これは速度である）.

　関数 $y = x^n$ （$n = 0, 1, 2, \cdots$）の導関数を求めよう.

　$y = x^0 = 1$ の導関数は，$y' = 0$　（定数関数の傾きは 0）.

　$y = x$ の導関数は，$y' = 1$　（$y = x$ の傾きは常に 1）.

　$y = x^2$ の導関数は，

$$y' = \lim_{h \to 0} \frac{(x + h)^2 - x^2}{h} = \lim_{h \to 0} \frac{2xh + h^2}{h} = \lim_{h \to 0}(2x + h) = 2x$$

　$y = x^3$ の導関数は，

$$y' = \lim_{h \to 0} \frac{(x + h)^3 - x^3}{h} = \lim_{h \to 0} \frac{3x^2 h + 3xh^2 + h^3}{h} = \lim_{h \to 0}(3x^2 + 3xh + h^2) = 3x^2$$

$\cdots$

従って，一般に n が 0 以上の整数のとき,

$$(x^n)' = nx^{n-1} \tag{6.6a}$$

であると推測され，またそれは正しい．さらに式(6.6a)は n が負の整数のときも成立する．例えば，$y = x^{-1} = \frac{1}{x}$ のとき,

$$y' = \lim_{h \to 0} \frac{1}{h}\left(\frac{1}{x + h} - \frac{1}{x}\right) = \lim_{h \to 0} \frac{1}{h} \frac{-h}{(x + h)x} = \lim_{h \to 0} \frac{-1}{(x + h)x} = -\frac{1}{x^2}$$

$$= -1 \cdot x^{-2}$$

であるから，$(x^n)' = nx^{n-1}$ において $n = -1$ とした結果に一致する.

式(6.6a)は有理数の時も成立する．そこで式(6.6a)を有理数 α を用いて，

$$(x^\alpha)' = \alpha x^{\alpha - 1} \tag{6.6b}$$

と書いておこう.

微分の定義式(6.5)を使うと，p を定数として，

$$(px^2)' = 2px = p(x^2)'$$
$$(x^2 + x^3)' = 2x + 3x^2 = (x^2)' + (x^3)'$$

であることが分かる．これから，次の2式が成立つことが期待されるが，それらは式(6.5)から確かめることができる.

$$y = pf(x) \text{ のとき，} y' = \frac{d}{dx}pf(x) = p\frac{d}{dx}f(x) = pf'(x) \tag{6.7a}$$

$$y = f(x) + g(x) \text{ のとき，} y' = \frac{d}{dx}\{f(x) + g(x)\} = f'(x) + g'(x) \tag{6.7b}$$

$\boxed{\text{問題 6-1}}$ 次の関数の導関数を求めよ．また数学ソフトで結果を確認せよ.

(1) x^3 (2) $\dfrac{1}{x^2}$ (3) $x^{\frac{1}{3}}$ (4) $x^3 + 3x^2 + 3x + 1$

6.3 関数の変化と極大・極小

関数を微分することで，関数の増加・減少や極大・極小を調べ，グラフの概形を描くことができる．関数が極大または極小となるためには $f'(x) = 0$ であることが必要である.

微分係数は，ある点における関数の増加率であることを考えると，以下のことが言える.

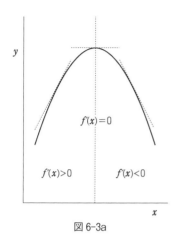

図 6-3a

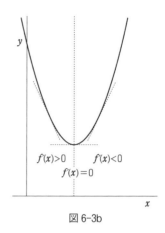

図 6-3b

> ある区間で $f'(x) > 0$ ならその区間で $f(x)$ は単調増加
>
> ある区間で $f'(x) < 0$ ならその区間で $f(x)$ は単調減少

従って，x の値が増加する時に $x = x_0$ を境として微分係数が正から負に変わるなら，$(x, f(x_0))$ は山の頂点となる（図 6-3a）．これが極大で，このときの $f(x_0)$ が極大値である．また，x の値が増加する時に $x = x_0$ を境として微分係数が負から正に変わるなら，$(x, f(x_0))$ は谷の底となる（図 6-3b）．これが極小で，このときの $f(x_0)$ が極小値である．

極大値と極小値を合わせて極値という．極値では接線の傾きはゼロであるから $f'(x) = 0$ である．従って，極大値・極小値を求める際は，方程式 $f'(x) = 0$ の解 x_0 を求め，$f(x_0)$ を計算すればよい．

ある区間における導関数の符号を調べることで，関数の増減表を作り，関数のグラフの概形を描くことができる．次の例題でこれを見てみよう．

例題 6-1 $y = x^3 - 3x$ の極値を求め，グラフを描け．

[解]

$$y' = 3x^2 - 3 = 3(x^2 - 1) = 3(x + 1)(x - 1)$$

$y' = 0$ となるのは $x = \pm 1$．$x < -1$，$x > 1$ で $y' > 0$，$-1 < x < 1$ で $y' < 0$ である

から，増減表は次のようになる．

x	$\cdots$	-1	$\cdots$	1	$\cdots$
y'	$+$	0	$-$	0	$+$
y	$\nearrow$	2 極大	$\searrow$	-2 極小	$\nearrow$

　関数は，$x<-1$，$x>1$ で単調増加，$-1<x<1$ で単調減少である．$x=-1$ のとき極大値 2，$x=1$ のとき極小値 -2 をとる．

　x 切片は次のように求まる．

$$x^3-3x=0$$
$$x(x^2-3)=0$$
$$x(x+\sqrt{3})(x-\sqrt{3})$$
$$\therefore x=0,\ \pm\sqrt{3}$$

以上から，グラフは図のようになる．

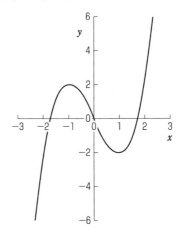

　関数 $f(x)$ が $x=a$ で極値を取るとき $f'(a)=0$ であるが，$f'(a)=0$ であったとしても，$x=a$ で $f(x)$ が極値をとるとは限らない．例えば，$f(x)=x^3$ は $f'(x)=3x^2$ であるから，$f'(0)=0$ である．しかし $x<0$ でも $x>0$ でも $f'(x)>0$ であるから，$f(x)=x^3$ は全区間にわたって単調増加であり，$f(0)$ は極値ではない（図6-4）．つまり，$f'(a)=0$ は $x=a$ で $f(x)$ が極値をとるための必要条件ではあっても十分条件ではない．

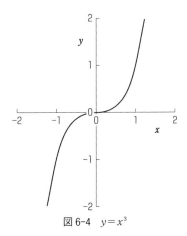

図 6-4 $y = x^3$

　関数グラフィックスツールを使えば微分法を知らなくても関数のグラフが描けるため，微分の知識は不要のように思えるがそうではない．関数の極大・極小の正確な値を求めたり，グラフを描けない多変数関数の極大・極小を議論するために微分法が必要である．

　問題 6-2   次の関数の極値を求め，グラフを描け．

(1)　$y = x^3 - 9x$

(2)　$y = -x^3 + 3x + 3$

(3)　$y = x^3 - 3x^2 - 9x$

6.4　在庫管理問題と利潤最大化問題

| 在庫管理問題と利潤最大化問題を微分を用いて解く．

例題 3-2 の在庫管理問題を，微分を使って解いてみよう．

　例題 6-2　費用関数 c が 1 回当たりの商品発注個数 x の変数として，

$$c = a\frac{N}{x} + b\frac{x}{2}$$

と表されるとき，費用を最小にする1回当たりの発注個数を，微分法を用いて求めよ [6, p. 14].

[解]

$$\frac{dc}{dx} = -\frac{aN}{x^2} + \frac{b}{2}$$

$\frac{dc}{dx} = 0$ を解く．

$$-\frac{aN}{x^2} + \frac{b}{2} = 0$$

$$x^2 = \frac{2aN}{b}$$

$$\therefore x = \sqrt{\frac{2aN}{b}} \quad \text{（題意により } x = -\sqrt{\frac{2aN}{b}} \text{ は不適）}$$

$$c\left(\sqrt{\frac{2aN}{b}}\right) = \frac{aN}{\sqrt{\frac{2aN}{b}}} + \frac{b}{2}\sqrt{\frac{2aN}{b}} = \sqrt{\frac{abN}{2}} + \sqrt{\frac{abN}{2}} = \sqrt{2abN}$$

以上により，$x > 0$ における次の増減表を得る．

x	$\cdots$	$\sqrt{\dfrac{2aN}{b}}$	$\cdots$
c'	$-$	0	$+$
c	$\searrow$	$\sqrt{2abN}$ 極小	$\nearrow$

費用関数は図のようになり，極小＝最小である．従って，$x = \sqrt{\dfrac{2aN}{b}}$ のとき費用は最小になり，そのときの費用は $\sqrt{2abN}$ である．当然ながら，これは例題 3-2 の結果と一致する．

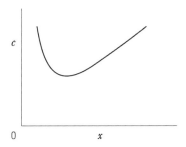

　ここで，例題 3-2 の解法と，上の解法との違いについて述べておこう．例題 3-2 は，相加平均≧相乗平均，すなわち，A, $B>0$ のとき $\dfrac{A+B}{2} \geq \sqrt{AB}$（ただし等号は $A=B$ のとき）を用いた．ここで，相加平均≧相乗平均の関係は，A, $B>0$ の場合しか使うことができないが，微分法にはそのような制限はなく，応用範囲が広い．

　次に企業における利潤最大化問題を解いてみよう．

例題 6-3　ある企業の製品の需要量 x が価格 p の関数として，

$$x(p) = \frac{x_0}{p^2}$$

で与えられ，この製品販売にかかわる費用 c は需要量の関数として，

$$c = c_1 x + c_0$$

で与えられるものとする．ここで，x_0, c_0, c_1 は正の定数である．この企業がこの製品販売に関わる利潤を最大にするための最適価格を求めよ［7b, p. 26］．

　ここで c_0 は，製品がなくても必要な固定費（倉庫の固定資産税や維持のために必要な水光熱費等）である．c_1 は製品 1 個あたりの費用である．売上＝価格×需要量であるから，

$$売上 = px$$

また，利潤＝売上－費用であるから利潤関数 π は次式で与えられる．

$$\pi = px - c$$

［解］

費用関数を価格 p の関数として書き直すと，

$$c = \frac{x_0 c_1}{p^2} + c_0$$

利潤関数 π を p の関数として書き直すと，

$$\pi = px - c = \frac{x_0}{p} - \left(\frac{x_0 c_1}{p^2} + c_0 \right)$$

π を微分する． $\dfrac{1}{p} = p^{-1}$, $\dfrac{1}{p^2} = p^{-2}$ であるから

$$\frac{d\pi}{dp} = x_0(-p^{-2}) - x_0 c_1(-2p^{-3}) = -\frac{x_0}{p^2} + \frac{2x_0 c_1}{p^3} = \frac{x_0}{p^3}(2c_1 - p)$$

よって $\dfrac{d\pi}{dp} = 0$ を与える p は，

$$p = 2c_1$$

またこのとき，

$$\pi(2c_1) = \frac{x_0}{2c_1} - \left[\frac{x_0 c_1}{(2c_1)^2} + c_0 \right] = \frac{x_0}{2c_1} - \frac{x_0}{4c_1} - c_0 = \frac{x_0}{4c_1} - c_0$$

利潤関数の増減表は次のようになる．また，グラフは図のようになる．

p		$2c_1$	
$\dfrac{d\pi}{dp}$	$+$	0	$-$
π	↗	$\pi(2c_1)$ 極大	↘

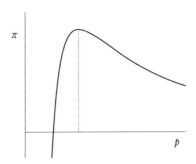

$p＝2c_1$ で利潤 π は極大かつ最大となる．利潤 π の最大値は $\dfrac{x_0}{4c_1}－c_0$ である．

6.5 高次導関数

導関数をもう一度微分した関数を二次導関数または二階導関数という．二次導関数によって，関数が上に凸か下に凸かを調べることができる．

関数 $y＝f(x)$ の導関数 $f'(x)$ が微分可能なら，$f'(x)$ をさらに微分することができる．これを二次導関数または二階導関数といい，y''，$f''(x)$，$\dfrac{d^2y}{dx^2}$，$\dfrac{d^2}{dx^2}f(x)$ などと書く．同様に，3 次以上の高次導関数も考えることができる．

関数 $y＝x^2$ の二次導関数を計算しよう．一次導関数は，$(x^2)'＝2x^1$ であるから，

$$(x^2)''＝2 \cdot 1x^{1-1}＝2$$

同様に，三次関数 $y＝x^3$ については，$(x^3)'＝3x^2$ であるから，

$$(x^3)''＝3 \cdot 2x^{2-1}＝6x$$

距離が時間の関数として表されているとき，導関数は速度，二次導関数は加速度を意味する．

| 問題 6-3 | 次の関数の二次導関数を求めよ．また数学ソフトで結果を確認せよ． |

(1) $y=x^4$ (2) $y=\dfrac{1}{x}$

二次導関数は関数の表す曲線の凹凸を調べる際に用いられる．上に凸とは，その区間で x の増加とともに増加率(接線の傾き)が減少することであり(図6-5a)，下に凸とは，x の増加とともに増加率が増加することである（図6-5b）．

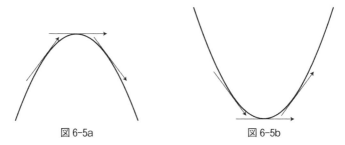

図 6-5a　　　　　　　　図 6-5b

一般に，ある区間において関数 $y=f(x)$ の表す曲線について，以下が言える．

$f''(x)>0$ なら曲線はその区間において下に凸．
$f''(x)<0$ なら曲線はその区間において上に凸．

曲線の凹凸が変わる点を変曲点という．変曲点では $f''(x)=0$ である．

二次関数 $y=ax^2+bx+c$ では，$y''=a$ であるから，二次関数は x^2 の係数が正なら下に凸，負なら上に凸であることが分かる．

三次関数 $y=x^3$ では，$y'=3x^2$，$y''=6x$ であるから，$x=0$ で $y'=0$ であるが，$y''=0$ であるので，$y=x^3$ は $x=0$ において極値を取るのではなく，変曲点である．$y'≥0$ であるから，$y=x^3$ は全区間にわたって増加関数である．$x<0$ で $y''<0$ であるから曲線は上に凸，$x>0$ で $y''>0$ であるから曲線は下に凸である（図6-4）．

| 例題 6-4 | 関数 $y=\sqrt{x}$ の一次および二次導関数を求め，曲線の性質を調べよ． |

［解］

$y=x^{\frac{1}{2}}$ であるから,

$$y'=\frac{1}{2}x^{-\frac{1}{2}}$$

$$y''=\frac{1}{2}\cdot\left(-\frac{1}{2}\right)x^{-\frac{3}{2}}=-\frac{1}{4}x^{-\frac{3}{2}}$$

　関数の定義域は $x>0$ であり，この区間で $y''<0$ であるから，曲線は上に凸である．また，$y'>0$ であるから $y=\sqrt{x}$ は増加関数である.

コラム 6-2　限界効用逓減則

　コラム 3-3 で，効用は，量の増加とともに増えていくが，増加の割合が次第に鈍化していくことを述べた．これは，効用関数の一次導関数は常に正であり，かつ二次導関数は常に負であることを意味している．無理関数はこの性質を満たしているため，効用関数のモデルとして使われるのである.

　効用関数の微分を限界効用という．効用の増加の割合が次第に鈍化していくことは，経済学において，限界効用逓減則と呼ばれている［16］.

例題 6-5　曲線 $y=x^3-3x$ の凹凸を調べよ（例題 6-1 参照）.

［解］

$$y'=3x^2-3$$
$$y''=6x$$

従って曲線は,

　　$x<0$ では上に凸
　　$x>0$ では下に凸

変曲点は $x=0$ である.

　関数の増減表に凹凸も書き加えると，次の表のようになる．なお，上に凸を"凸"，下に凸を"凹"と記した．グラフは図のようになる.

x	$\cdots$	-1		0	$\cdots$	1	$\cdots$
y'	$+$	0	$-$	-3	$-$	0	$+$
y	↗	2 極大	↘	0	↘	-2 極小	↗
y''	$-$	$-$	$-$	0	$+$	$+$	$+$
凹凸	∩	∩	∩	変曲点	∪	∪	∪

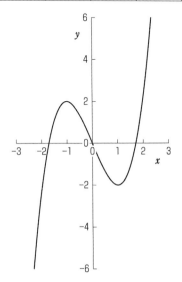

問題 6-4 関数 x^4-2x^2+1 の増減，凹凸を調べ，グラフの概形を描け．

6.6 積と商，合成関数と逆関数の導関数

この節では，積の導関数，商の導関数，合成関数の導関数，逆関数の導関数の公式を示す．

導関数について，次の公式が成り立つ．なお，$f(x)$，$g(x)$ の微分を単に f'，g' などと書いている．

積の微分：$(fg)' = f'g + fg'$ (6.8)

商の微分：$\left(\dfrac{f}{g}\right)' = \dfrac{f'g - fg'}{g^2}$ (6.9a)

特に $f(x) = 1$ のとき，$\left(\dfrac{1}{g}\right)' = -\dfrac{g'}{g^2}$ (6.9b)

合成関数の微分：$y = f(u)$，$u = g(x)$ のとき，$\dfrac{dy}{dx} = \dfrac{dy}{du} \cdot \dfrac{du}{dx}$
(6.10)

逆関数の微分：$y = f^{-1}(x)$ のとき $x = f(y)$ に対して，$\dfrac{dy}{dx} = \dfrac{1}{\dfrac{dx}{dy}}$
(6.11)

積の微分の公式(6.8)を示す.

$$\frac{f(x+h)g(x+h) - f(x)g(x)}{h}$$

$$= \frac{f(x+h)g(x+h) - f(x)g(x+h) + f(x)g(x+h) - f(x)g(x)}{h}$$

$$= \frac{f(x+h)g(x+h) - f(x)g(x+h)}{h} + \frac{f(x)g(x+h) - f(x)g(x)}{h}$$

$$= \frac{f(x+h) - f(x)}{h}g(x+h) + f(x)\frac{g(x+h) - g(x)}{h}$$

ここで $h \to 0$ とすると，

$$\frac{f(x+h) - f(x)}{h} \to f'(x)$$

$$\frac{g(x+h) - g(x)}{h} \to g'(x)$$

$$g(x+h) \to g(x)$$

よって，

$$\{f(x)g(x)\}' = \lim_{h \to 0}\frac{f(x+h) - f(x)}{h}g(x+h) + f(x)\lim_{h \to 0}\frac{g(x+h) - g(x)}{h}$$

$$= f'(x)g(x) + f(x)g'(x) \tag{6.8}$$

商の微分の公式(6.9a, b)を示す. 最初に式(6.9b)を示す.

$$\frac{1}{h}\left\{\frac{1}{g(x+h)}-\frac{1}{g(x)}\right\}$$

$$=\frac{-1}{h}\frac{g(x+h)-g(x)}{g(x+h)g(x)}$$

$$=-\frac{g(x+h)-g(x)}{h}\frac{1}{g(x+h)g(x)}$$

ここで $h \to 0$ とすると,

$$\frac{g(x+h)-g(x)}{h} \to g'(x)$$

$$g(x+h) \to g(x)$$

よって,

$$\left\{\frac{1}{g(x)}\right\}'=-\lim_{h\to0}\frac{g(x+h)-g(x)}{h}\frac{1}{g(x+h)g(x)}$$

$$=-\frac{g'(x)}{\{g(x)\}^2} \tag{6.9b}$$

次に式 (6.9a) を示す．積の導関数の公式 (6.8) と上式を用いる．

$$\left(\frac{f}{g}\right)'=\left(f\frac{1}{g}\right)'=f'\frac{1}{g}+f\left(\frac{1}{g}\right)'=f'\frac{1}{g}-f\frac{g'}{g^2}=\frac{f'g-fg'}{g^2} \tag{6.9a}$$

合成関数の微分公式 (6.10) を示す．$y=f(u)$, $u=g(x)$ のとき,

$$\frac{dy}{dx}=\lim_{\Delta x\to0}\frac{\Delta y}{\Delta x}=\lim_{\Delta x\to0}\frac{\Delta y}{\Delta u}\frac{\Delta u}{\Delta x}=\lim_{\Delta u\to0}\frac{\Delta y}{\Delta u}\cdot\lim_{\Delta x\to0}\frac{\Delta u}{\Delta x}=\frac{dy}{du}\cdot\frac{du}{dx}$$

$$\tag{6.10}$$

「微分は割り算」と考えれば, $\dfrac{dy}{dx}=\dfrac{dy}{du}\cdot\dfrac{du}{dx}$ は直感的にも理解し易い．

逆関数の微分公式 (6.11) を示す．$f(x)$ の逆関数 $f^{-1}(x)$ が存在するとき, $y=f^{-1}(x)$ とおくと, $x=f(y)$. この両辺を x で微分する．合成関数の微分公式と $f(y)=x$ であることを使って,

$$1=\frac{df}{dx}=\frac{df}{dy}\cdot\frac{dy}{dx}=\frac{dx}{dy}\cdot\frac{dy}{dx}$$

$$\therefore \frac{dy}{dx} = \frac{1}{\dfrac{dx}{dy}} \tag{6.11}$$

ここでも「微分は割り算」と考えれば，$\dfrac{dy}{dx} = \dfrac{1}{\dfrac{dx}{dy}}$ は直感的にも理解し易い.

例題 6-6　公式(6.8), (6.9a, b)を利用して，次の関数を微分せよ.

(1)　$h(x) = x^2(x^2 + 2x + 1)$　(2)　$x(p) = \dfrac{1}{p^2 + 1}$　(3)　$K(t) = \dfrac{t^2}{t^2 + 2t + 1}$

[解]

(1)　積の微分の公式(6.8)において，$f(x) = x^2$, $g(x) = x^2 + 2x + 1$ とおくと，

$$\frac{dh}{dx} = 2x \cdot (x^2 + 2x + 1) + x^2 \cdot (2x + 2) = 4x^3 + 6x^2 + 2x$$

(2)　商の微分の公式(6.9b)を利用すれば，

$$\frac{dx}{dp} = -\frac{2p}{(p^2 + 1)^2}$$

(3)　商の微分の公式(6.9a)において，$f(t) = t^2$, $g(t) = t^2 + 2t + 1$ とおけば，

$$\frac{dK}{dt} = \frac{2t(t^2 + 2t + 1) - t^2(2t + 2)}{(t^2 + 2t + 1)^2} = \frac{2t^2 + 2t}{(t^2 + 2t + 1)^2} = \frac{2t}{(t + 1)^3}$$

例題 6-7　公式(6.10), (6.11)を利用して，次の関数を微分せよ.

(1)　$y = (x^2 + 1)^2$　　　　　　　　　　(2)　$y = \sqrt{x}$　$(x \geq 0)$

[解]

(1)　合成関数の微分公式(6.10)において $u(x) = x^2 + 1$ とおけば，$y = u^2$ であるから，

$$\frac{df}{dx} = \frac{dy}{du} \cdot \frac{du}{dx} = 2u \cdot 2x = 4(x^2+1)x$$

(2)　$x = y^2$ として，逆関数の微分公式(6.11)を利用すれば，

$$\frac{dy}{dx} = \frac{1}{\dfrac{dx}{dy}} = \frac{1}{2y} = \frac{1}{2\sqrt{x}}$$

[問題 6-5]　次の関数を微分せよ．なお，(5)は逆関数の微分公式を使って求めよ．

(1)　$(x+1)(x^2-x+1)$　(2)　$\dfrac{1}{p-1}$　(3)　$\dfrac{p}{p^3-1}$　(4)　$\left(x+\dfrac{1}{x}\right)^2$　(5)　$\sqrt[3]{x}$

6.7　対数関数と指数関数の導関数

対数関数 $\log x$ の導関数は $\dfrac{1}{x}$ である．指数関数 e^x の導関数は e^x である．

対数関数と指数関数の導関数について，次の公式が成り立つ．

$$(\log|x|)' = \frac{1}{x} \tag{6.12a}$$

$$(\log_a|x|)' = \frac{1}{x \log a} \tag{6.12b}$$

$$(e^x)' = e^x \tag{6.13a}$$

$$(a^x)' = a^x \log a \tag{6.13b}$$

式(6.13a)は，底を e とする指数関数は，微分しても形が変わらないことを示している．

対数関数の微分公式(6.12a, b)を示そう．$y = \log_a x$ として，

$$y' = \lim_{\varDelta x \to 0} \frac{\log_a(x+\varDelta x) - \log_a x}{\varDelta x}$$

$$= \lim_{\Delta x \to 0} \frac{1}{\Delta x} \log_a \frac{x + \Delta x}{x}$$

$$= \lim_{\Delta x \to 0} \frac{1}{\Delta x} \log_a \left(1 + \frac{\Delta x}{x} \right)$$

ここで, $h = \dfrac{\Delta x}{x}$ とおくと, $\Delta x \to 0$ のとき, $h \to 0$ である. よって,

$$y' = \lim_{h \to 0} \frac{1}{xh} \log_a (1 + h)$$

$$= \frac{1}{x} \lim_{h \to 0} \log_a (1 + h)^{\frac{1}{h}}$$

ここで, e の定義(5.4b)および対数の底の変換公式(5.13)を使って,

$$(\log_a x)' = \frac{1}{x} \log_a e = \frac{1}{x} \frac{\log e}{\log a} = \frac{1}{x} \frac{1}{\log a} \tag{6.12b}$$

対数の底が e（自然対数）のとき, 次式を得る.

$$(\log x)' = \frac{1}{x} \tag{6.12a}$$

　x が負の場合も同様であるので(6.12a, b)を得る.
　指数関数の微分公式(6.13a, b)を示そう. $y = a^x$（$a > 0$, $a \neq 1$）の両辺の対数を取って,

$$\log y = \log a^x = x \log a$$

両辺を x で微分すると,

$$左辺 = \frac{d(\log y)}{dx} = \frac{d(\log y)}{dy} \cdot \frac{dy}{dx} = \frac{y'}{y}$$

であるから,

$$\frac{y'}{y} = \log a$$

$$y' = y \log a$$

$$\therefore (a^x)' = a^x \log a \tag{6.13b}$$

底が e のとき，次式を得る.

$$(e^x)' = e^x \tag{6.13a}$$

すなわち，底が e の指数関数は微分しても形が変わらない．指数関数において多くの場合 e を底に取るのは，この性質による.

問題 6-6 　次の関数を微分せよ．またグラフを描け.

(1) $y = x\log x$ 　　　　　　　(2) $y = xe^{-x}$

問題 6-7 　合成関数の導関数の公式により，次の対数微分の式が成り立つことを示せ.

$$(\log|f(x)|)' = \frac{f'(x)}{f(x)}$$

6.8　シグモイド関数

| ニューロン発火の数理モデルに用いられるシグモイド関数について学ぶ.

ロジスティック関数(5.7b)において，K，C をいずれも 1 とした S 字状の関数

$$f(x) = \frac{1}{1 + e^{-rx}} \quad (r > 0) \tag{6.14}$$

をシグモイド関数という（図6-6）．シグモイド関数は，あらゆる入力を 0 と 1 の間の値として出力する関数である．シグモイド関数および後述の階段関数・ハイパボリックタンジェント関数（コラム 6-3 参照）は，ニューラルネットワークの数理モデルで活性化関数として用いられる.

シグモイド関数には以下の性質がある.

(1) $f(0) = \dfrac{1}{2}$

(2) $\displaystyle\lim_{x \to \infty} f(x) = 1$, $\displaystyle\lim_{x \to -\infty} f(x) = 0$

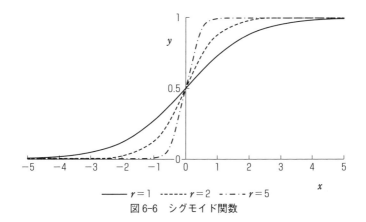

図 6-6 シグモイド関数

(3) $x=0$ は変曲点であり，$f(x)$ は $\left(0,\ \dfrac{1}{2}\right)$ に関して対称.

さらに，シグモイド関数の微分について次の性質がある.

$$f'(x)=\frac{re^{-rx}}{(1+e^{-rx})^2}=rf(x)(1-f(x)) \tag{6.15}$$

$$f''(x)=r^2f(x)(1-f(x))(1-2f(x)) \tag{6.16}$$

すなわち，シグモイド関数の一次導関数・二次導関数はシグモイド関数自身によって表される.

　シグモイド関数は，r が大きくなるにつれ，階段関数（単位ステップ関数）（図

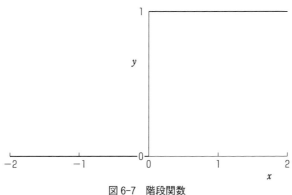

図 6-7 階段関数

6-7）

$$\theta(x)=\begin{cases} 0 & (x<0) \\ 1 & (x\geq0) \end{cases} \tag{6.17}$$

に近似する．階段関数は，あらゆる入力を0または1の値として出力する関数である．なお，階段関数は不連続関数であり，不連続点において微分不可能である．一方，シグモイド関数は，至る所連続かつ微分可能であって，数学的扱いが簡単である．

コラム6-3　ニューラルネットワークと活性化関数

　動物の神経細胞をニューロン（neuron）と呼ぶが，神経細胞は互いにシナプス結合しており，ある神経細胞は他の神経細胞から信号を受け取る．このとき，強くシナプス結合している細胞からの信号はその重みを大きく評価する．神経細胞は他の神経細胞から受け取った信号の和がある値（閾値）を超えない場合は信号を出力せず，閾値を超えると発火し，他の神経細胞に対して（入力信号の強さによらない）一定値の信号を出力する．動物の神経系は神経細胞がネットワークを形成している．この神経細胞のネットワークを模倣した数理モデルをニューラルネットワークという．人工知能の機械学習を実現する手法の中で，ニューラルネットワークはディープラーニングのベースとして用いられている．

　神経細胞の発火をモデル化する際，活性化関数が定義される．閾値より信号が弱ければ0，閾値を超えると1を出力するためには，階段関数がその性質を備えている．しかし，ニューラルネットワークの研究が進み，活性化関数としてはシグモイド関数等が多く用いられる．

　シグモイド関数と似た性質を持ち，活性化関数として用いられる関数にハイパボリックタンジェント（hyperbolic tangent）関数がある．これは，ハイパボリックコサイン関数（式(1)）とハイパボリックサイン関数（式(2)）から式(3)のように定義される．

$$\cosh x=\frac{e^x+e^{-x}}{2} \tag{1}$$

$$\sinh x=\frac{e^x-e^{-x}}{2} \tag{2}$$

$$\tanh x=\frac{\sinh x}{\cosh x}=\frac{e^x-e^{-x}}{e^x+e^{-x}} \tag{3}$$

これらの関数を双曲線関数という．双曲線関数は三角関数と性質が似ている．

図に $y=\tanh x$ のグラフを示す．図 6-6 の $r=1$ の曲線と比較されたい．

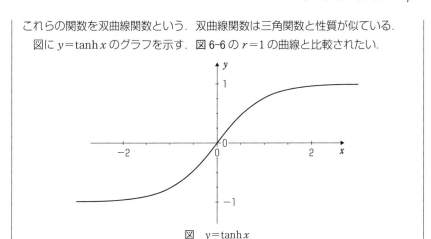

図　$y=\tanh x$

6.9 テイラー展開

| 滑らかな関数は，局所的にはべき級数に展開することができる．

$$x^2 = x_0{}^2 + 2x_0(x-x_0) + (x-x_0)^2$$

また

$$x^3 = x_0{}^3 + 3x_0(x-x_0) + 3x_0(x-x_0)^2 + (x-x_0)^3$$

と書けることから，n 次の多項式 $f(x)$ を，

$$f(x) = a_0 + a_1(x-x_0) + a_2(x-x_0)^2 + \cdots + a_n(x-x_0)^n \qquad (6.18)$$

とおく．ここで，$a_i \ (i=1,\ 2,\ \cdots,\ n)$ は定数である．

$$f(x_0) = a_0$$
$$f'(x_0) = a_1$$
$$f''(x_0) = 2a_2$$
$$f'''(x_0) = 3 \cdot 2 a_3$$
$$\cdots$$
$$f^{(n)}(x_0) = n! a_n$$

であるから，(6.18)は以下のように書ける．

$$f(x) = f(x_0) + f'(x_0)(x-x_0) + \frac{f''(x_0)}{2!}(x-x_0)^2 + \cdots + \frac{f^{(n)}(x_0)}{n!}(x-x_0)^n$$

$$(6.19)$$

これを $x = x_0$ における $f(x)$ のべき級数展開という．

例題 6-8　$f(x) = x^3 - 3x^2 + 3x - 1$ の $x = 2$ におけるべき級数展開を求めよ．

［解］
$$f'(x) = 3x^2 - 6x + 3, \quad f''(x) = 6x - 6, \quad f^{(3)}(x) = 6, \quad f^{(4)}(x) = 0$$

であるから，

$$f(x) = f(2) + f'(2)(x-2) + \frac{f''(2)}{2!}(x-2)^2 + \frac{f^{(3)}(2)}{3!}(x-2)^3 + \cdots$$
$$= 1 + 3(x-2) + 3(x-2)^2 + (x-2)^3$$

$f(x)$ が多項式でなくても，$x = x_0$ を含む区間で n 回微分可能であれば，

$$f(x) = f(x_0) + f'(x_0)(x-x_0) + \frac{f''(x_0)}{2!}(x-x_0)^2 + \cdots$$
$$+ \frac{f^{(n)}(x_0)}{n!}(x-x_0)^n + R_{n+1} \qquad (6.20\text{a})$$

と書くことができる．$n \to \infty$ のとき $R_{n+1} \to 0$ なら，(6.20a)は

$$f(x) = f(x_0) + f'(x_0)(x-x_0) + \frac{f''(x_0)}{2!}(x-x_0)^2 + \cdots$$
$$+ \frac{f^{(n)}(x_0)}{n!}(x-x_0)^n + \cdots$$
$$= \sum_{k=0}^{\infty} \frac{f^{(k)}(x_0)}{k!}(x-x_0)^k \qquad (6.20\text{b})$$

となる．式(6.20b)を関数 $f(x)$ の $x = x_0$ におけるテイラー展開という．なお，本書では R_{n+1} に関する議論には立ち入らないことにする．式(6.20b)におい

て $x_0 = 0$,すなわち,$x=0$ での級数展開をマクローリン展開というが,本書では $x_0 = 0$ の場合も含めてテイラー展開ということにする.

例題 6-9 次の関数を $x=0$ でテイラー展開せよ.
(1) $f(x) = e^x$　　　　　　　　(2) $f(x) = \sqrt{1+x}$

[解]
(1) $(e^x)' = (e^x)'' = \cdots = (e^x)^{(n)} = e^x$, $e^0 = 1$ であるから,

$$e^x = 1 + x + \frac{x^2}{2!} + \cdots + \frac{x^n}{n!} + \cdots$$

なお,上式は $x=1$ とすることにより,e の値を求める式となっている.

(2) $\sqrt{1+x} = (1+x)^{\frac{1}{2}}$ であるから,

$$f'(x) = \frac{1}{2}(1+x)^{-\frac{1}{2}}$$

$$f''(x) = -\frac{1}{4}(1+x)^{-\frac{3}{2}}$$

$$\therefore \sqrt{1+x} = 1 + \frac{1}{2}x - \frac{1}{4 \cdot 2!}x^2 + \cdots$$

テイラー展開(6.20b)において x のある次数までの項を取ったとき,それは $x = x_0$ 近傍における $f(x)$ の近似式となる.例えば例題 6-9 より,$x=0$ 近傍における e^x の一次近似は $1+x$,$\sqrt{1+x}$ の一次近似は $1 + \frac{1}{2}x$ である.x が微小な場合,一次の近似式で十分な場合がある.

多変数関数のテイラー展開は,ニューラルネットワークの数理モデルにおいて,関数の極小値を求めるために使われる場合がある.

次の例題では,テイラー展開による関数の一次近似と元の関数との関係を調べる.

例題 6-10

(1) $y=e^x$ と，$x=0$ 近傍におけるその一次近似 $y=1+x$ のグラフを描け

(2) $y=\sqrt{1+x}$ と，$x=0$ 近傍におけるその一次近似 $y=1+\dfrac{1}{2}x$ のグラフを描け

[解]

(1) 図 1 参照

$y=e^x$ と，$x=0$ 近傍におけるその一次近似式 $y=1+x$ のグラフは $x=0$ で接している．

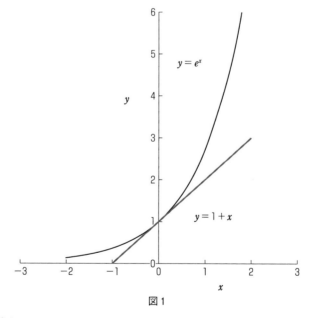

図 1

(2) 図 2 参照

$y=\sqrt{1+x}$ と，$x=0$ 近傍におけるその一次近似式 $y=1+\dfrac{1}{2}x$ のグラフは $x=0$ で接している．

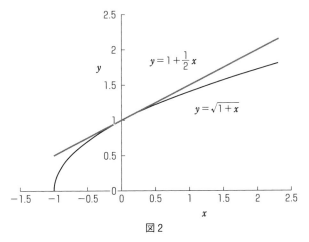

図2

例題 6-10 により，元の関数を $x=0$ でテイラー展開して一次近似した関数は，$x=0$ 近傍では良い近似になっていることが分かる．

問題 6-8 次の関数を $x=0$ でテイラー展開せよ．

(1) a^x $(a>0)$ (2) $\log(1+x)$

【演習 6-1】 例題 6-10 の(1)で得た式を用い，Excel を利用して e の値を $n=10$ まで求めよ．

なお，コラム 5-3 で示したオイラーの公式はテイラー展開により導くことができる．

6.10 不 定 積 分
| 積分は微分の逆演算である．

$y=x^2$ の微分は $y'=2x$ であるが，微分すれば $2x$ になる関数として x^2 があるともみなせる．このように，微分すると $f(x)$ となる関数 $F(x)$ を求める演算を考えることができ，これを積分という．定数の微分は 0 であるから，微分

すれば $2x$ になる関数は無数にある。この関数は C を定数として x^2+C と書ける。この C を積分定数という。

一般に，微分すると $f(x)$ となる関数には，定数項の不定性があるが，

$$F'(x)=f(x)$$

となる $F(x)$ を $f(x)$ の不定積分（または原始関数）という。$f(x)$ の不定積分を求めることを $f(x)$ を積分するという。$f(x)$ の不定積分を $\int f(x)dx$ と書く。積分記号 $\int$ はインテグラルと読む。

$$\int f(x)dx=F(x)+C \tag{6.21}$$

である。積分の対象になる関数を被積分関数という。公式(6.6a)より以下の関係がある。

$$x'=1 \leftrightarrow \int 1dx=x+C$$

$$(x^2)'=2x \leftrightarrow \int xdx=\frac{1}{2}x^2+C$$

$$(x^3)'=3x^2 \leftrightarrow \int x^2dx=\frac{1}{3}x^3+C$$

$$\cdots$$

$$(x^{n+1})'=(n+1)x^n \leftrightarrow \int x^ndx=\frac{1}{n+1}x^{n+1}+C \quad (n\neq-1) \tag{6.22a}$$

なお，$\int 1dx$ は $\int dx$ と表すことがある。

公式(6.6b)，(6.12a)，(6.13a, b)を利用すれば，

$$\int x^\alpha dx=\frac{1}{\alpha+1}x^{\alpha+1}+C \quad (\alpha\neq-1) \tag{6.22b}$$

$$\int \frac{1}{x}dx=\log|x|+C \tag{6.23}$$

$$\int e^x = e^x + C \tag{6.24a}$$

$$\int a^x dx = \frac{a^x}{\log a} + C \tag{6.24b}$$

である．ここで(6.22b)の α は有理数である．なお，$\int \frac{1}{x} dx$ は $\int \frac{dx}{x}$ と表すことがある．

公式(6.7a, b)を利用することにより，以下が成り立つ．

$$\int pf(x) dx = p \int f(x) dx \quad (p \text{ は定数}) \tag{6.25a}$$

$$\int \{f(x) + g(x)\} dx = \int f(x) dx + \int g(x) dx \tag{6.25b}$$

例題 6-11　次の関数を積分せよ．また数学ソフトで結果を確認せよ．

(1) $ax^2 + b$　(2) $\sqrt{t}$　(3) $\dfrac{1}{\sqrt{x}}$　(4) $e^x + \dfrac{2}{x}$　(5) 2^t

---

[解]

(1) $\displaystyle \int (ax^2 + b) dx = \frac{a}{3} x^3 + bx + C$

(2) $\displaystyle \int \sqrt{t}\, dx = \int t^{\frac{1}{2}} dx = \frac{1}{\frac{1}{2}+1} t^{\frac{1}{2}+1} + C = \frac{2}{3} t^{\frac{3}{2}} + C$

(3) $\displaystyle \int \frac{1}{\sqrt{x}} dx = \int x^{-\frac{1}{2}} dx = \frac{1}{-\frac{1}{2}+1} x^{-\frac{1}{2}+1} + c = 2x^{\frac{1}{2}} + c = 2\sqrt{x} + C$

(4) $\displaystyle \int \left(e^x + \frac{2}{x} \right) dx = \int e^x dx + \int \frac{2}{x} dx = e^x + 2\log|x| + C$

(5) $\displaystyle \int 2^t dt = \frac{2^t}{\log 2} + C$

物体の移動距離と速度は，距離の時間微分が速度であり，速度の時間積分が

距離の関係にある．半径 r の円の面積が πr^2，球の体積が $\dfrac{4}{3}\pi r^3$ で表されることも積分で求められる．

6.11 置換積分と部分積分

｜ 置換積分と部分積分の公式を与える．

関数 $f(u)$ の不定積分を $F(u)$ とし，$u(x)=ax+b$ とすると，$F(u)=F(ax+b)$ は x の関数で，合成関数の微分公式 (6.10) を用いて

$$\frac{dF}{dx}=\frac{dF}{du}\frac{du}{dx}=f(u)\cdot a=f(ax+b)\cdot a$$

従って，

$$\int f(ax+b)\,dx=\frac{1}{a}F(ax+b)+C \tag{6.26}$$

例題 6-12 不定積分 $\displaystyle\int (ax+b)^2 dx$ を公式 (6.26) を利用して求めよ．

［解］

$f(u)=u^2$，$u=ax+b$ として，$\displaystyle\int u^2 du=\frac{1}{3}u^3+C$ であるから，

$$\int (ax+b)^2 dx=\frac{1}{3a}(ax+b)^3+C=\frac{a^2}{3}x^3+abx^2+b^2x+C$$

なお，最後の等号では，定数 $\dfrac{b^3}{3a}+C$ を改めて C と置いた．また，$(ax+b)^3$ を展開しないままでも構わない．

不定積分 $\displaystyle\int (ax+b)^n dx$ $(n=1,\ 2,\ \cdots)$ を求める場合，(6.26) を使う利点は

明らかである.

不定積分 $y=\int f(x)dx$ において，関数 $f(x)$ が $x=g(u)$ を用いて $f(g(u))$ と表されるとき，合成関数の微分公式(6.10)より

$$y'=\frac{dy}{du}=\frac{dy}{dx}\frac{dx}{du}=f(x)g'(u)=f(g(u))g'(u)$$

$$\therefore y=\int f(g(u))g'(u)du$$

よって，次の置換積分の公式を得る.

$$\int f(x)dx=\int f(g(u))\frac{dx}{du}du \tag{6.27a}$$

$$=\int f(g(u))g'(u)du \tag{6.27b}$$

例題 6-13 置換積分の公式を用いて以下の関数の不定積分を求めよ.

(1) $x\sqrt{1-x}$ （2） $\dfrac{\log x}{x}$ （3） xe^{x^2}

[解]

(1) $u=\sqrt{1-x}$ と置けば，$x=1-u^2$, $\dfrac{dx}{du}=-2u$ であるから，

$$\int x\sqrt{1-x}dx=\int(1-u^2)u(-2u)du=-2\int(u^2-u^4)du$$

$$=-2\left(\frac{u^3}{3}-\frac{u^5}{5}\right)+C=-\frac{2}{3}(1-x)^{\frac{3}{2}}+\frac{2}{5}(1-x)^{\frac{5}{2}}+C$$

(2) $t=\log x$ と置けば，

$$\frac{dx}{dt}=\frac{1}{\dfrac{dt}{dx}}=x$$

$$\therefore \int\frac{\log x}{x}dx=\int t\frac{1}{x}xdt=\int tdt=\frac{t^2}{2}+C=\frac{(\log x)^2}{2}+C$$

(3) $s=x^2$ と置けば,

$$\frac{dx}{ds}=\frac{1}{\dfrac{ds}{dx}}=\frac{1}{2x}$$

$$\therefore \int xe^{x^2}dx=\int \frac{1}{2}e^s ds=\frac{1}{2}e^s+C=\frac{1}{2}e^{x^2}+C$$

積の導関数の公式(6.8)より,$(fg)'=f'g+fg'$. 従って,

$$fg'=(fg)'-f'g$$

両辺の不定積分を考えると,次の部分積分の公式を得る.

$$\int f(x)g'(x)dx=f(x)g(x)-\int f'(x)g(x)dx \tag{6.28}$$

次に,$\int \dfrac{f'}{f}dx$ を考えよう. 対数微分の式 (問題6-7) $(\log|f(x)|)'=\dfrac{f'(x)}{f(x)}$ より,次の式を得る.

$$\therefore \int \frac{f'(x)}{f(x)}dx=\log|f(x)|+C \tag{6.29}$$

6.12 定 積 分

| 定積分によって面積・体積等を求めることができる.

$f(x)$ の原始関数の1つを $F(x)$ とすると,$F(b)-F(a)$ を,$f(x)$ の a から b までの定積分という. 定積分は $\int_a^b f(x)dx$ と表される. また記号 $[\cdots]_a^b$ を用いて $[F(x)]_a^b$ とも表される. すなわち,

$$S=\int_a^b f(x)=[F(x)]_a^b=F(b)-F(a) \tag{6.30}$$

ここで S は,区間 $[a,\ b]$ で $f(x)\geqq 0$ のとき,x 軸と $y=f(x)$,$x=a$,$x=b$ で囲まれた図形の面積 (図6-8 斜線部) である.

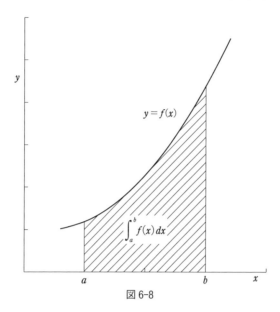

図 6-8

例題 6-14 以下の定積分を求めよ．また数学ソフトで結果を確認せよ．

(1) $\displaystyle\int_0^1 x\,dx$ (2) $\displaystyle\int_{-1}^1 (x-1)(x+1)\,dx$

［解］

(1) $\displaystyle\int_0^1 x\,dx = \left[\frac{x^2}{2}\right]_0^1 = \frac{1^2}{2} - \frac{0^2}{2} = \frac{1}{2}$

(2) $\displaystyle\int_{-1}^1 (x-1)(x+1)\,dx = \int_{-1}^1 (x^2-1)\,dx = \left[\frac{x^3}{3} - x\right]_{-1}^1$

$\displaystyle\qquad\qquad = \frac{1}{3} - 1 - \left(\frac{-1}{3} - (-1)\right) = -\frac{4}{3}$

定積分には以下の性質がある．

$$\int_a^a f(x)\,dx = 0 \tag{6.31}$$

$$\int_b^a f(x)dx = -\int_a^b f(x)dx \qquad (6.32)$$

$$\int_a^b f(x)dx = \int_a^c f(x)dx + \int_c^b f(x)dx \qquad (6.33)$$

$$\int_a^b pf(x)dx = p\int_a^b f(x)dx \quad (p は定数) \qquad (6.34)$$

$$\int_a^b \{f(x)+g(x)\}dx = \int_a^b f(x)dx + \int_a^b g(x)dx \qquad (6.35)$$

また，定積分は被積分関数と積分区間が定まれば定数であり，積分変数 x は任意である．即ち，変数 x を他の変数に置き換えてよい．

$$\int_a^b f(x)dx = \int_a^b f(t)dt \qquad (6.36)$$

6.13 正規分布関数

| 正規分布関数の性質を学ぶ．

次の関数について考えよう．

$$f(x) = e^{-\alpha x^2} \quad (\alpha > 0) \qquad (6.37)$$

例題 6-15 式(6.37)で与えられる関数の一次導関数と二次導関数を求め，増減表を作成せよ．また関数グラフィックスツールを用いて $\alpha = \dfrac{1}{2}$ のときのグラフを描け．

[解]

$u = -\alpha x^2$ と置いて，合成関数の微分公式(6.10)を使う．

$$\frac{dy}{dx} = \frac{dy}{du}\cdot\frac{du}{dx} = e^u(-2\alpha x) = -2\alpha x e^{-\alpha x^2}$$

二次導関数を求めるには，積の微分の公式(6.8)を用いる．

$$\frac{d^2y}{dx^2} = -2\alpha e^{-\alpha x^2} + (-2\alpha x)(-2\alpha x e^{-\alpha x^2}) = e^{-\alpha x^2}(4\alpha^2 x^2 - 2\alpha)$$

$$= e^{-\alpha x^2} 2\alpha(2\alpha x^2 - 1)$$

$y'=0$ となるのは $x=0$ のときである.また,$y''=0$ となるのは $x=\pm\dfrac{1}{\sqrt{2\alpha}}$ の

ときである.増減表は以下である.

x		$-\dfrac{1}{\sqrt{2\alpha}}$		0		$\dfrac{1}{\sqrt{2\alpha}}$	
y'	$+$	$+$	$+$	0	$-$	$-$	$-$
y	↗	↗	↗	1 極大	↘	↘	↘
y''	$+$	0	$-$	$-$	$-$	0	$+$
凹凸	凹	変曲点	凸	凸	凸	変曲点	凹

$\alpha=\dfrac{1}{2}$ の場合の関数 $y=e^{-\frac{1}{2}x^2}$ のグラフは図のようになる.

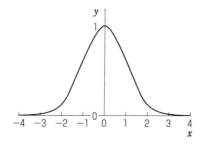

　上の例題の図から分かるように,式(6.37)は $x\to\pm\infty$ で 0 になる関数である.この関数を $(-\infty,\ \infty)$ で積分した値 $\displaystyle\int_{-\infty}^{\infty}f(x)dx$ は収束し,次の公式で与えられることが知られている.

$$\int_{-\infty}^{\infty} e^{-\alpha x^2}dx = \sqrt{\frac{\pi}{\alpha}} \tag{6.38a}$$

である.従って,改めて

$$f(x)=\sqrt{\frac{\alpha}{\pi}}\,e^{-\alpha x^2}\quad(\alpha>0)\tag{6.39}$$

とすれば，

$$\int_{-\infty}^{\infty}f(x)dx=\sqrt{\frac{\alpha}{\pi}}\int_{-\infty}^{\infty}e^{-\alpha x^2}dx=1\tag{6.38b}$$

式(6.39)において $\alpha=\dfrac{1}{2}$ とした関数

$$f(x)=\frac{1}{\sqrt{2\pi}}e^{-\frac{1}{2}x^2}\tag{6.40}$$

で確率密度が与えられる分布を標準正規分布という（8.7節参照）．

【演習 6-2】　次の関数のグラフを関数グラフィックスツールを用いて描け．

(1) e^{-x^2}　　　　(2) $e^{-(x-1)^2}$　　　　(3) $e^{-\frac{1}{2}x^2}$　　　　(4) $e^{-\frac{1}{2}(x-1)^2}$

式(6.39)において $\alpha=\dfrac{1}{2\sigma^2}\,(\sigma>0)$ とし，極大の位置を $x=\mu$ に平行移動した関数

$$f(x)=\frac{1}{\sqrt{2\pi}\,\sigma}\exp\left[-\frac{1}{2\sigma^2}(x-\mu)^2\right]\tag{6.41}$$

について考えよう．ここで，指数関数の肩が複雑なので，e^x ではなく $\exp(x)$ の記法を用いた．上式は，正規分布の確率密度関数である（8.7節参照）．

例題 6-16　式(6.41)で与えられる関数の一次導関数と二次導関数を求めよ．また，増減表を作成して関数のグラフを描け．

［解］

簡単のため，以下では係数 $\dfrac{1}{\sqrt{2\pi}\,\sigma}$ を省略する．

$$f'(x) = \left(-\frac{x-\mu}{\sigma^2}\right) \exp\left[-\frac{(x-\mu)^2}{2\sigma^2}\right]$$

$f'(x)=0$ となるのは $x=\mu$ のときで, $x<\mu$ なら $f'(x)>0$, $x>\mu$ なら $f'(x)<0$ であるから $x=\mu$ のとき $y=f(x)$ は極大となる.

$$f''(x) = -\frac{1}{\sigma^2}\left[1 + (x-\mu)\left(-\frac{x-\mu}{\sigma^2}\right)\right]\exp\left[-\frac{(x-\mu)^2}{2\sigma^2}\right]$$

$$= -\frac{1}{\sigma^2}\left[1 - \frac{(x-\mu)^2}{\sigma^2}\right]\exp\left[-\frac{(x-\mu)^2}{2\sigma^2}\right]$$

$f''(x)=0$ となるのは $x=\mu\pm\sigma$ のときで, $x<\mu-\sigma$ なら $f''(x)>0$, $\mu-\sigma<x<\mu+\sigma$ なら $f''(x)<0$, $x>\mu+\sigma$ なら $f''(x)>0$ であるから点 $(\mu\pm\sigma, f(\mu\pm\sigma))$ は変曲点である.

以上によって $y=f(x)$ の増減表は次のようになる.

x		$\mu-\sigma$		μ		$\mu+\sigma$	
y'	+	+	+	0	−	−	−
y	↗	↗	↗	$f(0)$ 極大	↘	↘	↘
y''	+	0	−		−	0	+
	凹凸	凹	変曲点	凸	凸	凸	変曲点	凹

以上によって, グラフの概形は図のようになる.

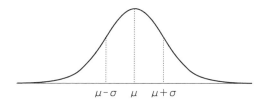

上の例題より, 式 (6.41) で表される関数は, $x=\mu$ で極大で, $\mu\pm\sigma$ が変曲点である. 変数変換により, 式(6.41)で与えられる関数の $(-\infty, \infty)$ での積分は, 式(6.38b)で与えられる.

6.14 偏　微　分

｜ 多変数関数の挙動を調べるための方法として偏微分を学ぶ.

　1 変数関数のグラフは 2 次元平面上に描くことができる. 2 変数関数 $z=$ $f(x, y)$ のグラフは 3 次元空間で描くことができる. ニューラルネットワークの数理モデルにおいては, 多変数関数の最小値を調べる必要があるが, この節では, 多変数関数の最も簡単な例として 2 変数関数を取り上げる.

　2 変数関数 $f(x, y)=x^2+y^2$ があるとき, $z=f(x, y)$ のグラフは図 6-9 である. $f(x, y)$ に対して, y が一定とみて x について微分したり, x が一定とみて y について微分をしたりするのが偏微分である. $y=y_0$ であれば $f(x, y_0)=x^2+y_0{}^2$ となるため, x に関する一変数関数とみなせるわけである. 図 6-9 の場合, $y=y_0$ の断面における関数のグラフを調べることになる.

　なお, 1 変数関数の微分は (偏微分に対して) 常微分という.

　図 6-9 から分かるように, $f(x, y)$ の極小 (最小値の候補) であるためには, y が一定とみて x について微分した場合の微分係数が 0 で, かつ x が一定とみて y について微分した場合の微分係数が 0 であることが必要である.

　2 変数関数 $f(x, y)$ において y を一定と考え,

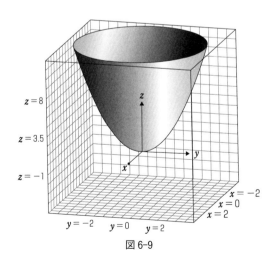

図 6-9

$$\frac{\partial}{\partial x} f(x,\ y) = \lim_{h \to 0} \frac{f(x+h,\ y) - f(x,\ y)}{h} \tag{6.42a}$$

が存在するとき，これを $f(x,\ y)$ の x に関する偏導関数という．これは，$\dfrac{\partial f}{\partial x}$，$f_x$ 等とも表される．∂ はデル，ラウンドディー等と読む．

同様に，x を一定と考え，

$$\frac{\partial}{\partial y} f(x,\ y) = \lim_{h \to 0} \frac{f(x,\ y+h) - f(x,\ y)}{h} \tag{6.42b}$$

が存在するとき，これを $f(x,\ y)$ の y に関する偏導関数という．これは，$\dfrac{\partial f}{\partial y}$，$f_y$ 等とも表される．

偏導関数を求めることを偏微分するという．x に関する偏微分係数は x 方向の増加率，y に関する偏微分係数は y 方向の増加率を表す．

$f(x,\ y)$ の偏導関数 $f_x,\ f_y$ がさらに偏微分可能なら，二次偏導関数

$$f_{xx} = \frac{\partial}{\partial x}\left(\frac{\partial f}{\partial x}\right) = \frac{\partial^2 f}{\partial x^2},\ \ f_{xy} = \frac{\partial}{\partial y}\left(\frac{\partial f}{\partial x}\right) = \frac{\partial^2 f}{\partial y \partial x}$$

$$f_{yx} = \frac{\partial}{\partial x}\left(\frac{\partial f}{\partial y}\right) = \frac{\partial^2 f}{\partial x \partial y},\ \ f_{yy} = \frac{\partial}{\partial y}\left(\frac{\partial f}{\partial y}\right) = \frac{\partial^2 f}{\partial y^2} \tag{6.43}$$

が存在する．f_{xy} と $\dfrac{\partial}{\partial y}\left(\dfrac{\partial f}{\partial x}\right)$ の $x,\ y$ の順序に注意されたい．ここで，f_{xy} と f_{yx} が存在し，かつ連続関数なら，$f_{xy} = f_{yx}$ であることが知られている．

例題 6-17　次の関数の偏導関数および二次偏導関数を求めよ．

(1)　$x^2 + y$　　　(2)　$x^2 y^2$　　　(3)　$\dfrac{y}{x}$　　　(4)　$x e^y$

[解]

(1)　$f_x = 2x,\ f_y = 1,\ f_{xx} = 2,\ f_{xy} = 0,\ f_{yx} = 0,\ f_{yy} = 0$

(2)　$f_x = 2xy^2,\ f_y = 2x^2 y,\ f_{xx} = 2y^2,\ f_{xy} = 4xy,\ f_{yx} = 4xy,\ f_{yy} = 2x^2$

(3) $f_x=-\dfrac{y}{x^2}$, $f_y=\dfrac{1}{x}$, $f_{xx}=\dfrac{2y}{x^3}$, $f_{xy}=-\dfrac{1}{x^2}$, $f_{yx}=-\dfrac{1}{x^2}$, $f_{yy}=0$

(4) $f_x=e^y$, $f_y=xe^y$, $f_{xx}=0$, $f_{xy}=e^y$, $f_{yx}=e^y$, $f_{yy}=xe^y$

$\boxed{\text{問題 6-9}}$　次の関数の偏導関数および二次偏導関数を求めよ.

(1) $x^2-2xy+y^2$　　　　　　　　(2) $\dfrac{x}{y}$

　2 変数関数 $f(x,\,y)$ の x を微小量 $\varDelta x$ だけ増加させ，y を微小量 $\varDelta y$ だけ増加させたとき，f の増分 $\varDelta f$ は，

$$\varDelta f=f(x+\varDelta x,\,y+\varDelta y)-f(x,\,y)$$

と書ける．これは x 方向の増分と y 方向の増分の和と考えられるので，$\varDelta x$，$\varDelta y$ が十分小さいとき，右辺は $\varDelta x$，$\varDelta y$ の一次の項までとって，

$$\varDelta f=\frac{\partial f}{\partial x}\varDelta x+\frac{\partial f}{\partial y}\varDelta y \qquad (6.44a)$$

と書ける．$\varDelta f$，$\varDelta x$，$\varDelta y$ を無限小の量 df，dx，dy に置き換えると

$$df=\frac{\partial f}{\partial x}dx+\frac{\partial f}{\partial y}dy \qquad (6.44b)$$

となる．これを全微分という

6.15　2 変数関数の極大・極小

| 偏微分を用いて 2 変数関数の極大・極小を調べることができる.

　1 変数関数において，$f'(x_0)=0$ は $x=x_0$ で $f(x)$ が極値を取る必要条件ではあっても十分条件ではなかった．それと同様，2 変数関数においても $f_x=0$，$f_y=0$ はそれを満たす点において関数が極値を取る必要条件ではあっても十分条件ではない．

　2 変数関数の極大・極小に関して次の定理がある（証明略）.

$f(x, y)$ が点 P(a, b) で極値である必要条件は,

$$f_x=0, \quad f_y=0$$

点 P において $f_{xy}^2-f_{xx}f_{yy}<0$ のとき,

$$f_{xx}<0 \text{ なら, } f(x, y) \text{ は点 P}(a, b) \text{ で極大}$$

$$f_{xx}>0 \text{ なら, } f(x, y) \text{ は点 P}(a, b) \text{ で極小}$$

点 P において $f_{xy}^2-f_{xx}f_{yy}>0$ なら極値をとらない

例題 6-18 以下の関数について,極値があるならそれを求めよ.
(1) x^2+y^2 (2) x^2-y^2 (3) $-(x-1)^2-y^2$ (4) $e^{x^2+y^2}$

[解]

(1) $f_x=2x$, $f_y=2y$ であるから,$(0, 0)$ において $f_x=0$, $f_y=0$. 従って極値の必要条件を満たしている.

$f_{xx}=2$, $f_{xy}=0$, $f_{yy}=2$ であるから,$f_{xy}^2-f_{xx}f_{yy}=-4<0$. ここで $f_{xx}>0$ であるから,点 $(0, 0)$ において極小値が存在し,極小値は 0. 実際,$z=f(x, y)=x^2+y^2$ のグラフ (図6-9) は,点 $(0, 0)$ で極小となっている.

(2) $f_x=2x$, $f_y=-2y$ であるから,点 $(0, 0)$ において $f_x=0$, $f_y=0$. 従って極値の必要条件を満たしている.

しかし,$f_{xx}=2$, $f_{xy}=0$, $f_{yy}=-2$ であるから $f_{xy}^2-f_{xx}f_{yy}=4>0$ であり,極値を取らない. 実際,$z=f(x, y)=x^2-y^2$ のグラフ (図1) は,点 $(0, 0)$ では x 軸方向には極小だが y 軸方向には極大となっている. このような点を鞍点という.

(3) $f_x=-2(x-1)$, $f_y=-2y$ であるから,$(1, 0)$ において $f_x=0$, $f_y=0$. 従って極値の必要条件を満たしている.

$f_{xx}=-2$, $f_{xy}=0$, $f_{yy}=-2$ であるから,$(1, 0)$ において $f_{xy}^2-f_{xx}f_{yy}=-4<0$. ここで $f_{xx}<0$ であるから,点 $(1, 0)$ において極大値が存在し,極大値は 0.

(4) $f_x=2xe^{x^2+y^2}$, $f_y=2ye^{x^2+y^2}$ であるから,$(0, 0)$ において $f_x=0$, $f_y=0$. 従って極値の必要条件を満たしている.

$f_{xx}=2(2x^2+1)e^{x^2+y^2}$, $f_{xy}=4xye^{x^2+y^2}$, $f_{yy}=2(2y^2+1)e^{x^2+y^2}$ であるから,点 $(0, 0)$ において $f_{xy}^2-f_{xx}f_{yy}=-4<0$. また $(0, 0)$ において $f_{xx}=2>0$ であ

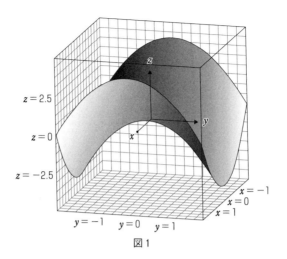

図1

るから，点 $(0, 0)$ において極小値 1 を取る．

問題 6-10   次の関数に極値があるならそれを求めよ．

(1) x^2+y^2+axy $(a>0)$ (2) $e^{-(x^2+y^2)}$

6.16   最小2乗法

| 回帰分析や最適化問題で利用される最小2乗法の考え方を学ぶ．

表6-1 は，男子 12 名の身長と体重データである．

表6-1

身長（cm）	171	170	175	163	167	167	159	165	181	168	176	173
体重（kg）	67	69	59	48	60	55	55	54	70	57	64	62

図 6-10a は，表 6-1 の散布図である．身長と体重には正の相関がありそうである（相関係数 $r \sim 0.71$）．そこで，身長と体重には比例関係があるとして，図 6-10b のように直線を描くことを考えよう．

最小2乗法は，最適直線を $y=ax+b$ とおくとき，x と y（今の場合は身長と体重）のデータをそれぞれ x_i, y_i $(i=1, 2, \cdots, n)$ とし，a, b の2変数関数

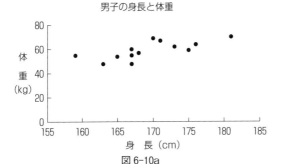

図 6-10a

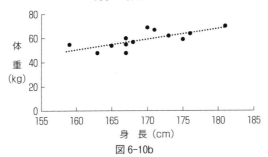

図 6-10b

$$C(a,\ b) = (y_1 - (ax_1 + b))^2 + (y_2 - (ax_2 + b))^2 + \cdots + (y_n - (ax_n + b))^2$$
$$= \sum_{i=1}^{n} (y_i - (ax_i + b))^2 \qquad\qquad (6.45)$$

を最小にする a, b を求める方法である．式(6.45)は，図 6-10b において，ある x_i に対応する y_i と $ax_i + b$ の差の 2 乗和である．式(6.45)は a, b の 2 変数関数で，例えば図 6-9 のような形をしている．

式(6.45)の関数が極小（最小値の候補）となるための必要条件は，6.15 節の定理より以下で与えられる．

$$\frac{\partial C}{\partial a} = 0,\ \ \frac{\partial C}{\partial b} = 0$$

上式で定められる最適な直線を回帰直線という．

ニューラルネットワークにおける教師あり学習においては，与えられる学習

162

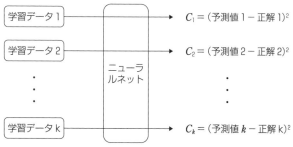

図 6-11　教師あり学習における 2 乗誤差 [19, p. 46]

データから計算される予測値と正解との誤差の総和の平均

$$\frac{1}{n}\sum_{k=1}^{n} C_k = \frac{1}{n}\sum_{k=1}^{n}(予測値k-正解k)^2 \qquad (6.46)$$

が最小になるようにモデルを適合させることが多い（図6-11）．予測値と正解とのずれの大きさを評価する関数を誤差関数（または損失関数，あるいはコスト関数）という．上式は，誤差関数を平均2乗誤差として表したものであり，これは最小2乗法により最適化される．

6.17　ラグランジュの未定乗数法

条件付きの極大・極小を求める際の手法であるラグランジュの未定乗数法について学ぶ．

条件付きの極大・極小を求める問題において利用される方法として，ラグランジュの未定乗数法がある．

例題 6-19　$x^2+y^2=1$ の条件の下で $x+y$ の最小値を求めよ．

[解]
(1)　初等的な解法
$x^2+y^2=1$ と $x+y=t$ のグラフは図1のようになる．図より，

$\left(-\dfrac{1}{\sqrt{2}},\ -\dfrac{1}{\sqrt{2}}\right)$ のとき最小値 $-\sqrt{2}$ を取る.

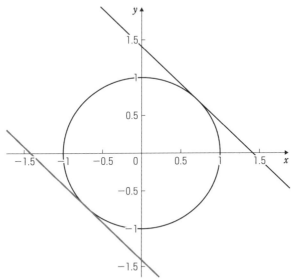

図1　円：$x^2+y^2=1$ および直線 $x+y=\sqrt{2}$, $x+y=-\sqrt{2}$

(2)　汎用的な解法（ラグランジュの未定乗数法）

λ（ラムダ）を定数とし,

$$F(x,\ y,\ \lambda)=x+y-\lambda(x^2+y^2-1)$$

を考える. Fが極値を取るためには,

$$F_x=0,\ F_y=0,\ F_\lambda=0$$

が必要である. 未知数が1つ増えているが, 方程式も1つ増えているので解くことができる.

　ここで, $F_\lambda=x^2+y^2-1=0$ は常に満たされているため, 連立方程式 $F_x=0$, $F_y=0$, すなわち,

$$\begin{cases}1-2\lambda x=0\\1-2\lambda y=0\end{cases}$$

を解く. $x=\dfrac{1}{2\lambda}$, $y=\dfrac{1}{2\lambda}$ が得られるからこれを制約条件 $x^2+y^2=1$ に代入して, $\lambda=\pm\dfrac{1}{\sqrt{2}}$ が得られる. よって x, y の組として $\left(\dfrac{1}{\sqrt{2}}, \dfrac{1}{\sqrt{2}}\right)$, $\left(-\dfrac{1}{\sqrt{2}}, -\dfrac{1}{\sqrt{2}}\right)$ を得る. $x+y$ の最小値を与えるのは $\left(-\dfrac{1}{\sqrt{2}}, -\dfrac{1}{\sqrt{2}}\right)$ で, このとき最小値 $-\sqrt{2}$ を取る.

　上の例題(2)の解法のように, $h(x, y)=0$ の条件の下で $f(x, y)$ の極大・極小を求めるとき, λ を定数とし,

$$F(x, y, \lambda)=f(x, y)-\lambda h(x, y) \tag{6.47}$$

を考え, 連立方程式

$$F_x=0, \ F_y=0, \ F_\lambda=0$$

を解くことで極値を見いだす方法をラグランジュの未定乗数法という. ラグランジュの未定乗数法はニューラルネットワークの数理モデルを扱う手法としても用いられる.

例題 6-20　共通の原材料を使う製品A, B 2つの生産量をそれぞれ x, y とする. $x+y=72$ の制約条件があり, 費用関数が $C=12x^2-6xy+6y^2$ で与えられるとき, 費用最小を与える x, y を求めよ. [4, p.196]

[解]
$$F(x, y, \lambda)=12x^2-6xy+6y^2-\lambda(x+y-72)$$
を考える.

$$F_x=24x-6y-\lambda, \ F_y=-6x+12y-\lambda$$

であるから,

$$\begin{cases} 24x - 6y - \lambda = 0 \\ -6x + 12y - \lambda = 0 \end{cases}$$

を解く．この連立方程式から $x = \dfrac{3}{42}\lambda$, $y = \dfrac{5}{42}\lambda$ が得られるからこれを制約条件 $x + y = 72$ に代入し，

$$\lambda = 378$$
$$\therefore x = 27, \quad y = 45$$

6.18　2変数関数の合成関数の微分

| 2変数関数の合成関数の微分について学ぶ．

合成関数の微分の公式として以下がある．
$z = g(t)$, $t = f(x, y)$ のとき，

$$\frac{\partial z}{\partial x} = \frac{dz}{dt}\frac{\partial t}{\partial x}, \quad \frac{\partial z}{\partial y} = \frac{dz}{dt}\frac{\partial t}{\partial y} \tag{6.48a}$$

$z = f(x, y)$, $x = x(t)$, $y = y(t)$ のとき，

$$\frac{dz}{dt} = \frac{\partial z}{\partial x}\frac{dx}{dt} + \frac{\partial z}{\partial y}\frac{dy}{dt} \tag{6.48b}$$

$z = f(x, y)$, $x = x(u, v)$, $y = y(u, v)$ のとき，

$$\frac{\partial z}{\partial u} = \frac{\partial z}{\partial x}\frac{\partial x}{\partial u} + \frac{\partial z}{\partial y}\frac{\partial y}{\partial u}, \quad \frac{\partial z}{\partial v} = \frac{\partial z}{\partial x}\frac{\partial x}{\partial v} + \frac{\partial z}{\partial y}\frac{\partial y}{\partial v} \tag{6.48c}$$

式(6.48a)は1変数の合成関数の公式と同様であるので説明を省略する．
式(6.48b)は，式(6.44a)において，両辺を t の増分 $\varDelta t$ で割った式

$$\frac{\varDelta f}{\varDelta t} = \frac{\partial f}{\partial x}\frac{\varDelta x}{\varDelta t} + \frac{\partial f}{\partial y}\frac{\varDelta y}{\varDelta t}$$

と見比べることにより直観的に理解できるであろう．
式(6.48c)も同様に，式(6.44a)において，両辺を u の増分 $\varDelta u$ で割った式，

および v の増分 Δv で割った式

$$\frac{\Delta f}{\Delta u}=\frac{\partial f}{\partial x}\frac{\Delta x}{\Delta u}+\frac{\partial f}{\partial y}\frac{\Delta y}{\Delta u}, \quad \frac{\Delta f}{\Delta v}=\frac{\partial f}{\partial x}\frac{\Delta x}{\Delta v}+\frac{\partial f}{\partial y}\frac{\Delta y}{\Delta v}$$

と見比べることにより直観的に理解できるであろう．なお，(6.48c)は連鎖律（チェーンルール）と呼ばれる．

コラム 6-4　合成関数の微分とニューラルネットワーク

ニューラルネットワークは，各ニューロンが入力信号 x を関数 $u=a(x)$ によって変換し，活性化関数によって $y=f(u)$ を出力するユニットのネットワークである（コラム 7-2 図 1 参照）．従って，$y=f(a(x))$ の微分は，合成関数の微分である．

例題 6-21

(1) $z=t^2$，$t=x^2+y^2$ のとき，x，y に関する偏導関数を求めよ．

(2) $z=x^2+y^2$，$x=e^t$，$y=e^{-t}$ のとき，t に関する導関数を求めよ．

(3) $z=\sqrt{x^2+y^2}$，$x=u+v$，$y=uv$ のとき，u，v に関する偏導関数を求めよ．

[解]

(1) (6.48a)を用いる．

$$\frac{\partial z}{\partial x}=\frac{dz}{dt}\frac{\partial t}{\partial x}=2t\cdot 2x=4x(x^2+y^2)$$

$$\frac{\partial z}{\partial y}=\frac{dz}{dt}\frac{\partial t}{\partial y}=2t\cdot 2y=4y(x^2+y^2)$$

(2) (6.48b)を用いる．

$$\frac{dz}{dt}=\frac{\partial z}{\partial x}\frac{dx}{dt}+\frac{\partial z}{\partial y}\frac{dy}{dt}=2xe^t+2y(-e^{-t})=2e^{2t}-2e^{-2t}$$

(3) (6.48c)を用いる．

$$\frac{\partial z}{\partial u} = \frac{\partial z}{\partial x}\frac{\partial x}{\partial u} + \frac{\partial z}{\partial y}\frac{\partial y}{\partial u}$$

$$= \frac{1}{2}(x^2+y^2)^{-\frac{1}{2}} \times 2x \times 1 + \frac{1}{2}(x^2+y^2)^{-\frac{1}{2}} \times 2y \times v$$

$$= \frac{x}{\sqrt{x^2+y^2}} + \frac{yv}{\sqrt{x^2+y^2}}$$

$$\frac{\partial z}{\partial v} = \frac{\partial z}{\partial x}\frac{\partial x}{\partial v} + \frac{\partial z}{\partial y}\frac{\partial y}{\partial v}$$

$$= \frac{1}{2}(x^2+y^2)^{-\frac{1}{2}} \times 2x \times 1 + \frac{1}{2}(x^2+y^2)^{-\frac{1}{2}} \times 2y \times u$$

$$= \frac{x}{\sqrt{x^2+y^2}} + \frac{yu}{\sqrt{x^2+y^2}}$$

6.19 勾配降下法

| 勾配降下法の考え方を学ぶ.

　関数の最小値を求める際に使われるアルゴリズムとして勾配降下法がある.
最も簡単な例として1変数関数の場合を考えよう.
　図6-12のような関数を考える. 最初に, ある適当な x の値から出発し, 適
当なステップで接線の傾き (微分係数) が負の方向に x を変化させれば良い (点
Aなら x を増加させ, 点Bなら x を減少させる). 最終的に, 微分係数が 0 の場所が
最小値を与える (ただし, 図6-13のように極小点が複数ある場合, 単純なアルゴリズム

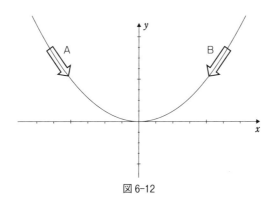

図6-12

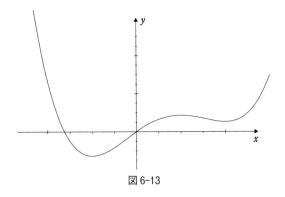

図 6-13

では最小値ではない極小点を最小値と判定する可能性がある).

　2変数関数の場合は，x 方向と y 方向の偏微分の値を計算し，両者が負の方向に x，y を変化させ，偏導関数の値が共に 0 の場所が最小値（の候補）である.

　ニューラルネットワークにおいては，誤差関数（式(6.46)）の最小値を勾配降下法で調べることになる.

第7章 線形代数

ベクトルや行列を扱う数学を線形代数という．本章では，ベクトルや行列の基本から行列の固有値，行列のべき乗までを学ぶ．データサイエンスで現れる大量のデータの処理は線形代数を利用することで見通しの良い式で表すことができる．

7.1 ベクトル
| ベクトルの基本とベクトルの内積について学ぶ．

7.1.1 ベクトルとは
ベクトルは一列に並んだデータの集まりである．

表を用いて商品の売上個数の和を求める計算を例にして，ベクトルとその和について考えよう．

各商品の売り上げ個数が，1日目・2日目について**表7-1**のようになっているとする．

表7-1

	1日目	2日目
りんご	100	150
みかん	200	180

ここで，りんごとみかんの1日の売上個数を組にしてそれぞれ，

$$\begin{pmatrix} 100 \\ 200 \end{pmatrix}, \begin{pmatrix} 150 \\ 180 \end{pmatrix}$$

と書くことにする．このように数または文字を組にして一列に並べたものをベクトル（vector）という．ベクトルを構成する数や文字をベクトルの要素または成分という．ベクトルは，$\vec{a}$ のように矢印をつけたり，$\boldsymbol{a}$ のように太字の書体で表したりする．上のベクトルを $\vec{a_1}$, $\vec{a_2}$ と書くことにする．すなわち，

$$\vec{a_1} = \begin{pmatrix} 100 \\ 200 \end{pmatrix}, \quad \vec{a_2} = \begin{pmatrix} 150 \\ 180 \end{pmatrix}$$

りんごとみかんの2日間の売上個数は，ベクトル形式では次のように計算できる．

$$\vec{a_1} + \vec{a_2} = \begin{pmatrix} 100 \\ 200 \end{pmatrix} + \begin{pmatrix} 150 \\ 180 \end{pmatrix} = \begin{pmatrix} 250 \\ 380 \end{pmatrix}$$

従って，ベクトルの和は対応する成分同士の和を取ればよいことが分かる．

上式の計算は，Excelでは図7-1の計算に対応する．すなわち，$\vec{a_1} =$ B4：B5，$\vec{a_2} =$ C4：C5である．

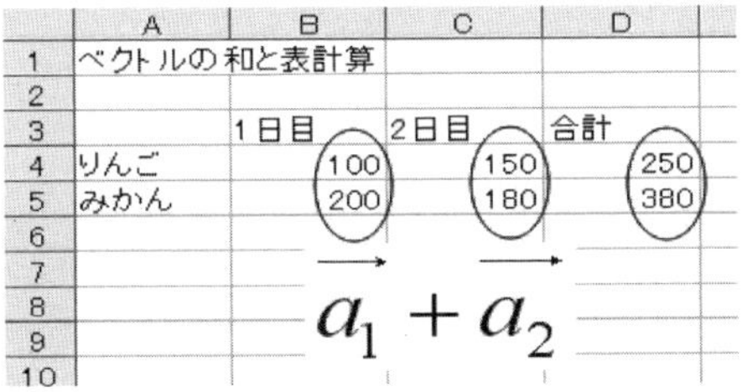

図7-1

ベクトルには，成分を縦一列に並べる縦ベクトル（列ベクトル）と，横一列に並べる横ベクトル（行ベクトル）の形式がある．上式を横ベクトル形式で書けば，

$$(100, 200) + (150, 180) = (250, 380)$$

一般に，ベクトルの和・差は，対応する成分同士の和・差である．縦ベクトル，横ベクトル形式でそれぞれ書けば，

$$\begin{pmatrix} p \\ q \end{pmatrix} \pm \begin{pmatrix} r \\ s \end{pmatrix} = \begin{pmatrix} p \pm r \\ q \pm s \end{pmatrix} \tag{7.1a}$$

$$(p, q) \pm (r, s) = (p \pm r, \ q \pm s) \tag{7.1b}$$

また，ベクトルの和・差は，成分数が同じもの同士でしか演算を行うことができない．2つのベクトルが等しいとは，対応する成分同士が等しいことである．

Excelにおいて，縦ベクトルと横ベクトルを相互に変換するには，変換対象セル範囲を範囲指定した後，

「コピー」→「形式を指定して貼り付け」→「行列を入れ替える」をチェック
とすればよい.

　成分が 2 個のベクトルを二次元ベクトル, 3 個のベクトルを三次元ベクトル,
n 個のベクトルを n 次元ベクトルという. Excel で, 縦（または横）一列に並ん
だ n 個のセル範囲同士の和を取ることは, n 次元ベクトルの和を計算している
ことになる.

　表 7-1 において, 1 日目のりんごとみかんが 2 倍売れたとすると, 売れ行き
の個数をそれぞれ 2 倍する. これと同様に考えて, ベクトルの実数倍は, 対応
する成分の実数倍である.

$$k\begin{pmatrix} p \\ q \end{pmatrix} = \begin{pmatrix} kp \\ kq \end{pmatrix} \tag{7.2}$$

例題 7-1　$\vec{a} = \begin{pmatrix} 1 \\ 2 \end{pmatrix}$, $\vec{b} = \begin{pmatrix} 2 \\ -1 \end{pmatrix}$ とするとき, 以下を計算せよ.

(1)　$\vec{a} + \vec{b}$　　　　(2)　$\vec{a} - \vec{b}$　　　　(3)　$2\vec{a} + \vec{b}$

［解］

(1)　$\begin{pmatrix} 1 \\ 2 \end{pmatrix} + \begin{pmatrix} 2 \\ -1 \end{pmatrix} = \begin{pmatrix} 3 \\ 1 \end{pmatrix}$　　　　　(2)　$\begin{pmatrix} 1 \\ 2 \end{pmatrix} - \begin{pmatrix} 2 \\ -1 \end{pmatrix} = \begin{pmatrix} -1 \\ 3 \end{pmatrix}$

(3)　$2\begin{pmatrix} 1 \\ 2 \end{pmatrix} + \begin{pmatrix} 2 \\ -1 \end{pmatrix} = \begin{pmatrix} 4 \\ 3 \end{pmatrix}$

7.1.2　ベクトルの図形的意味

　2 つの数の組 (a_1, a_2) は, 座標平面上の点を表す. 点 A の座標を $(1, 2)$ と
するとき, 原点 O から点 A に向かう有向線分を考え, これを $\overrightarrow{OA}$ と書くとき,
$\overrightarrow{OA} = (1, 2)$ と書ける（図 7-2）. 座標に対応させたベクトルを位置ベクトルと
いう. 有向線分がベクトルの図形的表現である.

　ベクトルの大きさは, 原点から位置ベクトルで表される座標までの距離（＝
有向線分の長さ）である. 点 P の座標を (x_1, y_1) で表し, 原点から点 P へのベク
トルを $\vec{p}$ とすると, $\vec{p} = \overrightarrow{OP} = (x_1, y_1)$ である. 原点から点 P までの距離は

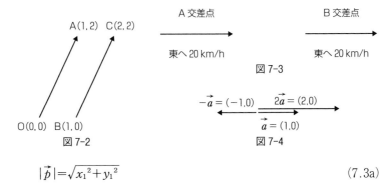

図 7-2

図 7-3

図 7-4

$$|\vec{p}| = \sqrt{x_1{}^2 + y_1{}^2} \qquad\qquad (7.3\text{a})$$

で表され，これがベクトルの大きさである．三次元空間の位置ベクトルが $\vec{q} = (x_1,\ y_1,\ z_1)$ のとき，

$$|\vec{q}| = \sqrt{x_1{}^2 + y_1{}^2 + z_1{}^2} \qquad\qquad (7.3\text{b})$$

である．大きさが1のベクトルを単位ベクトルという．ベクトルの大きさを1にすることを，ベクトルの規格化という．

　図 7-2 の点 B$(1,\ 0)$ から点 C$(2,\ 2)$ に向かう有向線分（ベクトル）$\overrightarrow{BC}$ を考える．このように，ある点（始点）から別の点（終点）への変位を表すベクトルを変位ベクトルという．位置ベクトルは始点が原点の変位ベクトルである．$\overrightarrow{BC}$ は $\overrightarrow{OA}$ とは始点（および終点）は異なるが，方向も大きさも同じである．そこで，複数の変位ベクトル（有向線分）の方向と大きさが同じ（平行移動すれば重なる）であれば，それらは同一であると定義する．すなわち，変位ベクトルは大きさと方向を持つ量である．変位ベクトル $\overrightarrow{BC}$ が $\overrightarrow{OA}$ と同一であるとは，$\overrightarrow{BC} = (1,\ 2)$ と成分表示されることを意味する．つまり，変位ベクトルの成分は，変位ベクトルの始点を原点に平行移動させた時の終点の座標で表される．変位ベクトルの成分 $(a_1,\ a_2)$ は，始点から x 軸方向に a_1，y 軸方向に a_2 だけ変位することを意味する．なお，変位ベクトルを大きさと方向（角度）の値の組として表す方法を極座標表示と言う．

　大きさと方向で表される量は自然界に数多く存在する．例えば，「東に向かって時速 20 km」という速度は，その速度で移動している物体がどの位置にあっても同じものを表している（図7-3）．速度以外に，力や加速度等も大きさと方向を持つ量で，これらはベクトル量と呼ばれる．一方，身長，体重，個数，

金額のように大きさだけを持つ量はスカラー量と呼ばれる.

有向線分（ベクトル）$\overrightarrow{PQ}$ のスカラー λ 倍は以下である.

(1) $\lambda > 0$ のとき，$\overrightarrow{PQ}$ の方向を変えずに大きさを λ 倍した有向線分（ベクトル）

(2) $\lambda < 0$ のとき，$\overrightarrow{PQ}$ と逆向きに大きさを $|\lambda|$ 倍した有向線分（ベクトル）

図 7-4 に，ベクトル $\vec{a} = (1, 0)$ と $2\vec{a} = (2, 0)$，$-\vec{a} = (-1, 0)$ を示す. 有向線分表示でのベクトルのスカラー倍と，成分表示でのベクトルのスカラー倍が一致していることが分かる.

変位ベクトルによってベクトルの加減算を考えることができる. 図 7-5a のように 3 点 O，A，B があり，$\vec{a} = \overrightarrow{OA}$，$\vec{b} = \overrightarrow{OB}$ とする. このとき，A を始点として B を終点とする変位ベクトル $\overrightarrow{AB}$ を考えるとき，ベクトル

$$\overrightarrow{OB} = \overrightarrow{OA} + \overrightarrow{AB}$$

をベクトルの和（加算）という. また

$$\overrightarrow{AB} = \overrightarrow{OB} - \overrightarrow{OA} = \vec{b} - \vec{a}$$

をベクトルの差（減算）という.

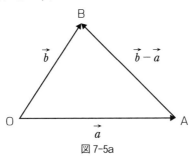

図 7-5a

例題 7-2　$\vec{a} = (1, 2)$，$\vec{b} = (-1, 2, 2)$ とするとき，ベクトルの大きさをそれぞれ計算せよ.

［解］

$$|\vec{a}| = \sqrt{1^2 + 2^2} = \sqrt{5}$$
$$|\vec{b}| = \sqrt{(-1)^2 + 2^2 + 2^2} = \sqrt{9} = 3$$

問題 7-1 $\vec{a}=(1,\ 2)$, $\vec{b}=(3,\ 4)$, $\vec{c}=(-1,\ 2,\ 2)$ とするとき，以下を計算せよ．

(1) $\vec{a}+\vec{b}$　　(2) $2\vec{a}-\vec{b}$　　(3) $|\vec{b}|$　　(4) $|\vec{c}|$

7.2 ベクトルの内積

ベクトルの内積とその図形的意味を学ぶ.

7.2.1 ベクトルの内積

ベクトルの内積を，売上集計を例にとって考えてみよう．

りんごとみかんの売り上げ個数と単価が**表 7-2** のように与えられているとする．

表 7-2

	売上個数	単価
りんご	100	80
みかん	200	30

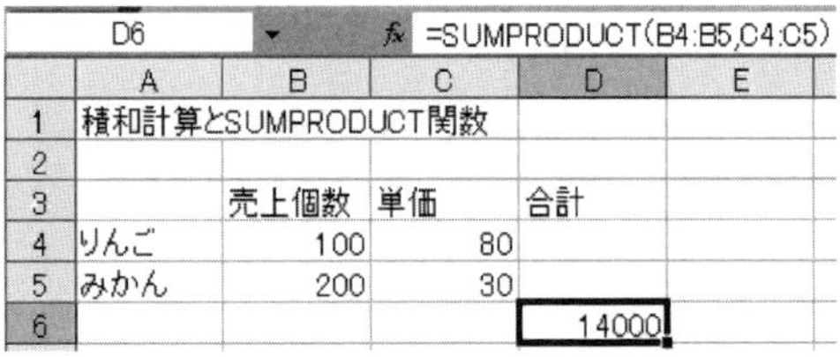

	A	B	C	D	E
1	積和計算とSUMPRODUCT関数				
2					
3		売上個数	単価	合計	
4	りんご	100	80		
5	みかん	200	30		
6				14000	

図 7-6

このとき売上金額は，次のように計算される．

$$100\times80+200\times30$$

このような積和計算は Excel では SUMPRODUCT 関数で行うことができる．SUMPRODUCT 関数は数学関数に分類されている．SUMPRODUCT 関数で 2 つのセル範囲同士の積和を求める場合の書式は以下である．

SUMPRODUCT（セル範囲 1，セル範囲 2）

表 7-2 が Excel に**図 7-6** のように入力されている場合，B4：B5 と C4：C5 のセル範囲同士の積和計算を行うためには，

“=SUMPRODUCT(B4：B5, C4：C5)”

と入力すればよい.

　ここで, 上の売上総和の計算をベクトルの立場で見直してみよう. 売上個数ベクトルを $\vec{a}$, 単価ベクトルを $\vec{b}$ と書くと,

$$\vec{a}=\begin{pmatrix} 100 \\ 200 \end{pmatrix},\ \vec{b}=\begin{pmatrix} 80 \\ 30 \end{pmatrix}$$

積和計算を $\vec{a}$ と $\vec{b}$ の積と考え, $\vec{a}\cdot\vec{b}$ と書くことにすると,

$$\vec{a}\cdot\vec{b}=100\times 80+200\times 30$$

このような計算をベクトルの内積という. "・" は内積を表す記号である. SUMPRODUCT 関数はベクトルの内積を計算できる関数といえる.

　一般に, 2 つの二次元ベクトル

$$\vec{a}=\begin{pmatrix} a_1 \\ a_2 \end{pmatrix},\ \vec{b}=\begin{pmatrix} b_1 \\ b_2 \end{pmatrix}$$

の内積は, 次のように定義される.

$$\vec{a}\cdot\vec{b}=a_1 b_1+a_2 b_2 \tag{7.4a}$$

n 次元ベクトル同士の内積なら, 次のようになる.

$$\vec{a}\cdot\vec{b}=a_1 b_1+a_2 b_2+\cdots\cdots+a_n b_n=\sum_{k=1}^{n} a_k b_k \tag{7.4b}$$

ベクトルの大きさはベクトルの内積を用いて以下の式でも書ける.

$$|\vec{a}|=\sqrt{\vec{a}\cdot\vec{a}} \tag{7.3c}$$

例題 7-3　次の 2 つのベクトルの内積を求めよ.

(1)　$\vec{a}=\begin{pmatrix} 1 \\ 2 \end{pmatrix},\ \vec{b}=\begin{pmatrix} 3 \\ 4 \end{pmatrix}$　　　　　(2)　$\vec{a}=\begin{pmatrix} 1 \\ 2 \end{pmatrix},\ \vec{b}=\begin{pmatrix} 2 \\ -1 \end{pmatrix}$

[解]

(1)　$\vec{a}\cdot\vec{b}=1\times 3+2\times 4=11$

(2)　$\vec{a}\cdot\vec{b}=1\times 2+2\times(-1)=0$

176

問題 7-2 $\vec{a}=(1,\ 3)$, $\vec{b}=(2,\ -1)$, $\vec{c}=(-1,\ 2,\ 2)$, $\vec{d}=(2,\ 1,-1)$ とするとき，次の内積を求めよ.

(1) $\vec{a}\cdot\vec{b}$ (2) $\vec{c}\cdot\vec{d}$

問題 7-3 商品毎の売上個数と単価が図のように与えられている場合，SUMPRODUCT 関数を用いて，売上合計金額を求めよ．なおこれは，4次元ベクトル同士の内積を計算することに相当する．

	A	B	C	D
1	SUMPRODUCT関数による積和計算			
2				
3		売上個数	単価	合計
4	りんご	100	80	
5	みかん	200	30	
6	デコポン	40	100	
7	桃	50	200	

7.2.2 ベクトルの内積の図形的意味

ベクトルの内積の図形的意味を考えよう．図7-5b で $\vec{a}$, $\vec{b}$ のなす角を θ とすると，余弦定理より

$$AB^2=OA^2+OB^2-2OA\cdot OB\cos\theta$$

$\overrightarrow{AB}=\vec{b}-\vec{a}$ であるから，O を原点，A, B の座標をそれぞれ $(a_1,\ a_2)$, $(b_1,\ b_2)$ とすると上式は，

$$(b_1-a_1)^2+(b_2-a_2)^2=a_1^2+a_2^2+b_1^2+b_2^2-2|\vec{a}||\vec{b}|\cos\theta$$
$$\therefore |\vec{a}||\vec{b}|\cos\theta=a_1b_1+a_2b_2 \tag{7.4c}$$

上式の右辺はベクトルの内積の定義(7.4a)の右辺に等しい．従って，ベクトル $\vec{a}$, $\vec{b}$ の内積は $|\vec{a}||\vec{b}|\cos\theta$ とも表すことができる．

θ は $\vec{a}$, $\vec{b}$ のなす角であるから，(7.4c) より内積は $\theta=0$ のとき最大で，$\theta=\dfrac{\pi}{2}$ のとき 0，$\theta=\pi$ のとき最小である．このことから，ベクトルの内積は2つのベクトルがどのくらい並行に近いかを示す指標であるといえる．

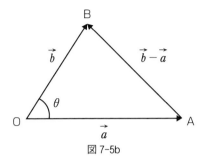

図 7-5b

7.2.3　ベクトルの内積の性質

ベクトルの内積については，次の性質がある．

$$\vec{a}\cdot\vec{b}=\vec{b}\cdot\vec{a} \tag{7.5}$$

$$(\vec{a}+\vec{b})\cdot\vec{c}=\vec{a}\cdot\vec{c}+\vec{b}\cdot\vec{c} \tag{7.6a}$$

$$\vec{a}\cdot(\vec{b}+\vec{c})=\vec{a}\cdot\vec{b}+\vec{a}\cdot\vec{c} \tag{7.6b}$$

$$(k\vec{a})\cdot\vec{b}=\vec{a}\cdot(k\vec{b})=k\vec{a}\cdot\vec{b} \quad （kは実数） \tag{7.7}$$

式(7.5)は積の交換則，(7.6a, b)は積の分配則である．

【演習 7-1】　$\vec{a}=\begin{pmatrix} a_1 \\ a_2 \end{pmatrix}$, $\vec{b}=\begin{pmatrix} b_1 \\ b_2 \end{pmatrix}$, $\vec{c}=\begin{pmatrix} c_1 \\ c_2 \end{pmatrix}$ とおいて，式(7.5)〜(7.7)を確かめよ．

ベクトルの内積に関連して，次の公式（コーシー・シュワルツの式）がある．

$$-|\vec{a}||\vec{b}|\leq\vec{a}\cdot\vec{b}\leq|\vec{a}||\vec{b}| \tag{7.8}$$

これは以下のように簡単に証明できる．

$-1\leq\cos\theta\leq1$ であるから，$-|\vec{a}||\vec{b}|\leq|\vec{a}||\vec{b}|\cos\theta\leq|\vec{a}||\vec{b}|$ である．$|\vec{a}||\vec{b}|\cos\theta=\vec{a}\cdot\vec{b}$ であるから，式(7.8)を得る．

コーシー・シュワルツの式より，ベクトルの内積が最小になるのは，k を正の定数として，$\vec{b}=-k\vec{a}$ となるときである．

7.3 行　　列

| 行列は長方形に並んだデータの集まりである.

表 7-1 のデータ部分だけを並べて

$$A = \begin{pmatrix} 100 & 150 \\ 200 & 180 \end{pmatrix}$$

のように書こう. このように, 数または文字を m 行 n 列の長方形にまとめたも
のを行列 (matrix) という. 行列の横一列の並びを行, 縦一列の並びを列とい
う. 上式は 2 行 2 列の行列である. 行数と列数が等しい行列を正方行列という
(なお, 並んだ列としての「行列」は, 英語では line または queue という).

　上の行列 A は, 1 日目の売上個数ベクトルと 2 日目の売上個数ベクトルを並
べたものと見ても良いし, りんごの売上個数ベクトルとみかんの売上個数ベク
トルを並べたものと見ても良い. 行列を構成する数や文字を要素または成分と
いう. ベクトルは, 成分が 1 行のみまたは 1 列のみの行列である.

> **コラム 7-1**　配列と行列
>
> 　数学では, データを縦または横一列に並べたものをベクトルといい, 複数の行
> と列にわたって矩形にデータを並べたものを行列という.
> 　プログラム言語では, ベクトル・行列はまとめて配列として扱われる. ベクト
> ルは一次元次元配列, 行列は二次元配列である. これは, ベクトルは成分が一行
> のみまたは一列のみの行列とみなせることと同様である.
> 　行列の縦の並びと横の並びのどちらが「行」か「列」か混乱した場合は, 表計
> 算ソフトの行・列と行列の行・列は同じであることを思い出すとよい.

　ベクトルの和・差・実数倍と同様, 行列の和・差・実数倍は, 対応する成分
同士の和・差・実数倍である. 2 つの行列が等しいとは, 対応する成分同士が
等しいことである.

　全ての成分が 0 の行列を零行列といい, **0** と書く.

例題 7-4　$A = \begin{pmatrix} 1 & 3 \\ 2 & 4 \end{pmatrix}$, $B = \begin{pmatrix} -2 & 4 \\ 1 & -3 \end{pmatrix}$ とするとき，次の計算をせよ．

(1)　$A + B$　　　　　(2)　$B - A$　　　　　(3)　$2A - B$

[解]

(1)　$\begin{pmatrix} 1 & 3 \\ 2 & 4 \end{pmatrix} + \begin{pmatrix} -2 & 4 \\ 1 & -3 \end{pmatrix} = \begin{pmatrix} 1-2 & 3+4 \\ 2+1 & 4-3 \end{pmatrix} = \begin{pmatrix} -1 & 7 \\ 3 & 1 \end{pmatrix}$

(2)　$\begin{pmatrix} -2 & 4 \\ 1 & -3 \end{pmatrix} - \begin{pmatrix} 1 & 3 \\ 2 & 4 \end{pmatrix} = \begin{pmatrix} -2-1 & 4-3 \\ 1-2 & -3-4 \end{pmatrix} = \begin{pmatrix} -3 & 1 \\ -1 & -7 \end{pmatrix}$

(3)　$2\begin{pmatrix} 1 & 3 \\ 2 & 4 \end{pmatrix} - \begin{pmatrix} -2 & 4 \\ 1 & -3 \end{pmatrix} = \begin{pmatrix} 2 & 6 \\ 4 & 8 \end{pmatrix} - \begin{pmatrix} -2 & 4 \\ 1 & -3 \end{pmatrix} = \begin{pmatrix} 4 & 2 \\ 3 & 11 \end{pmatrix}$

　ある行列 A の成分で，行と列を入れ替えたものを転置行列（transposed matrix）といい，${}^t A$ や A^T などと書く．例えば $A = \begin{pmatrix} 1 & 3 \\ 2 & 4 \end{pmatrix}$ に対して ${}^t A = \begin{pmatrix} 1 & 2 \\ 3 & 4 \end{pmatrix}$ である．これは表計算ソフトでは，長方形のセル範囲の行と列を入れ替える操作である．Excel では「形式を指定して貼り付け」→「行列を入れ替える」を利用すればよい．

7.4　行列とベクトルの積

| 行列とベクトルの積の定義を与え，その図形的意味を学ぶ．

7.4.1　行列とベクトルの積

　x, y を未知数とする次の連立一次方程式（問題 1-11(2)）を行列形式で書くことを考える．

$$\begin{cases} ax + by = \alpha \\ cx + dy = \beta \end{cases} \tag{7.9}$$

式(7.9)において x, y の係数を行列（係数行列という）で書き，x, y の組と α,

β の組をベクトルで書く．左辺を行列とベクトルの積の形で書けば，

$$\begin{pmatrix} a & b \\ c & d \end{pmatrix}\begin{pmatrix} x \\ y \end{pmatrix} = \begin{pmatrix} \alpha \\ \beta \end{pmatrix} \tag{7.10}$$

となる．式(7.9)と式(7.10)が同じものを表すためには，行列とベクトルの積の規則は，

$$\begin{pmatrix} a & b \\ c & d \end{pmatrix}\begin{pmatrix} x \\ y \end{pmatrix} = \begin{pmatrix} ax+by \\ cx+dy \end{pmatrix} \tag{7.11}$$

でなければならない．式(7.11)は，図7-7 のように覚えるとよい．行列同士の積の規則も，行列とベクトルの積の規則を元にしている（7.5節）．

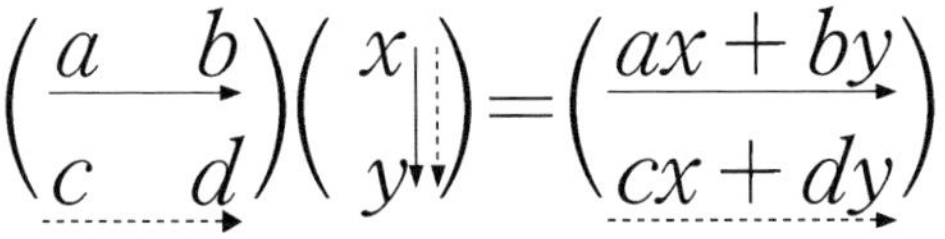

$$\left(\begin{array}{cc} a & b \\ c & d \end{array}\right)\left(\begin{array}{c} x \\ y \end{array}\right) = \left(\begin{array}{c} ax+by \\ cx+dy \end{array}\right)$$

図7-7　行列とベクトルの積の規則

　行列とベクトルの積を Excel で計算するには MMULT 関数を用いる．MMULT 関数は数学関数に分類されている．書式は以下である．

　　　MMULT（配列1，配列2）

　例題 7-5　$\begin{pmatrix} 1 & 3 \\ 2 & 4 \end{pmatrix}\begin{pmatrix} 5 \\ 6 \end{pmatrix}$ を求めよ．またこれを Excel の MMULT 関数で計算せよ．

［解］

$$\begin{pmatrix} 1 & 3 \\ 2 & 4 \end{pmatrix}\begin{pmatrix} 5 \\ 6 \end{pmatrix} = \begin{pmatrix} 1\times5+3\times6 \\ 2\times5+4\times6 \end{pmatrix} = \begin{pmatrix} 23 \\ 34 \end{pmatrix}$$

計算を MMULT 関数で行うには，まず**図1**のように，A4：C5 に行列とベクトルの要素を入力しておく．次に D4：D5 を右辺のベクトルとして範囲指定し，MMULT 関数を呼び出す．

図2のように行列とベクトルの範囲を指定した後，Shift＋Ctrl＋Enter を押下

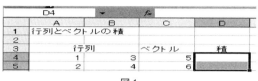

図1

図2

図3

する（OKボタンは押さない）．ここで，Shift＋Ctrl＋Enter は，配列式を入力するための操作である．

式(7.10)をコンパクトな形に書いておこう．

$$A=\begin{pmatrix} a & b \\ c & d \end{pmatrix}, \quad \vec{x}=\begin{pmatrix} x \\ y \end{pmatrix}, \quad \vec{\alpha}=\begin{pmatrix} \alpha \\ \beta \end{pmatrix}$$

と置くと，式(7.10)は，

$$A\vec{x}=\vec{\alpha} \tag{7.12}$$

と書ける．全ての連立一次方程式は，未知数の個数に関わりなく，係数行列を

A, 未知数ベクトルを $\vec{x}$, 定数ベクトルを $\vec{a}$ とおくことにより, 式(7.12)の形に書ける. これによって, 連立一次方程式に統一的な解法を与えることができる (後述).

問題 7-4 $A=\begin{pmatrix} 1 & 2 \\ 3 & 4 \end{pmatrix}$, $\vec{u}=\begin{pmatrix} 5 \\ 6 \end{pmatrix}$ とする. $A\vec{u}$ を求めよ.

【演習 7-2】 数学ソフトを用いて問題 7-4 の結果を確かめよ. また MMULT 関数によっても確かめよ.

正方行列でない行列とベクトルの積も定義できる. 例として, 未知数の個数よりも方程式の数が少ない次の三元連立一次方程式を考えよう.

$$\begin{cases} ax+by+cz=\alpha \\ px+qy+rz=\beta \end{cases} \tag{7.13}$$

これを行列形式で書くと次のようになる.

$$\begin{pmatrix} a & b & c \\ p & q & r \end{pmatrix}\begin{pmatrix} x \\ y \\ z \end{pmatrix}=\begin{pmatrix} \alpha \\ \beta \end{pmatrix}$$

このことから, 2 行 3 列の行列と 3 行 1 列のベクトルの積は 2 行 1 列のベクトルであることが分かる. また, 次の四元連立一次方程式

$$\begin{cases} ax+by+cz+dw=\alpha \\ px+qy+rz+sw=\beta \end{cases}$$

を行列形式で書くと次のようになる.

$$\begin{pmatrix} a & b & c & d \\ p & q & r & s \end{pmatrix}\begin{pmatrix} x \\ y \\ z \\ w \end{pmatrix}=\begin{pmatrix} \alpha \\ \beta \end{pmatrix}$$

このことから, 2 行 4 列の行列と 4 行 1 列のベクトルの積は 2 行 1 列のベクト

ルであることが分かる.

　一般に，m 行 n 列の行列と n 行 1 列のベクトルの積は m 行 1 列のベクトルである．また，上の例から，行列とベクトルの積は，行列の列数とベクトルの行数とが一致していなければ定義できないことも分かる．例えば，(7.13) は，

$$\begin{pmatrix} x \\ y \\ z \end{pmatrix}\begin{pmatrix} a & b & c \\ p & q & r \end{pmatrix} = \begin{pmatrix} \alpha \\ \beta \end{pmatrix}$$

とは書けない．すなわち，行列とベクトルの積において，積の順序を入れ替えることはできない．

問題 7-5 　次の行列とベクトルの積は定義できるか？　定義できるなら積を求めよ.

(1) $A = \begin{pmatrix} 1 & 2 & 3 & 4 \\ 5 & 6 & 7 & 8 \\ 9 & 0 & 1 & 2 \end{pmatrix}$, $\vec{u} = \begin{pmatrix} 2 \\ 1 \\ 0 \end{pmatrix}$ のとき $A\vec{u}$

(2) $A = \begin{pmatrix} 1 & 2 & 3 & 4 \\ 5 & 6 & 7 & 8 \\ 9 & 0 & 1 & 2 \end{pmatrix}$, $\vec{v} = \begin{pmatrix} 2 \\ 1 \\ 0 \\ -1 \end{pmatrix}$ のとき $A\vec{v}$

7.4.2　行列とベクトルの積の図形的意味

　行列とベクトルの積の図形的意味を考えよう.

例題 7-6

(1) $A = \begin{pmatrix} 1 & 2 \\ 2 & 1 \end{pmatrix}$, $\vec{x} = \begin{pmatrix} 1 \\ 0 \end{pmatrix}$ のとき，$A\vec{x}$ を求め，$\vec{x}$ と $A\vec{x}$ を図示せよ.

(2) $B = \begin{pmatrix} 0 & -1 \\ 1 & 0 \end{pmatrix}$, $\vec{x} = \begin{pmatrix} 1 \\ 0 \end{pmatrix}$, $\vec{y} = \begin{pmatrix} 1 \\ 1 \end{pmatrix}$, $\vec{z} = \begin{pmatrix} 0 \\ 1 \end{pmatrix}$ のとき，$B\vec{x}$, $B\vec{y}$, $B\vec{z}$ を求め，$\vec{x}$ と $B\vec{x}$, $\vec{y}$ と $B\vec{y}$, $\vec{z}$ と $B\vec{z}$ をそれぞれ図示せよ.

[解]

(1) $A\vec{x} = \begin{pmatrix} 1 & 2 \\ 2 & 1 \end{pmatrix} \begin{pmatrix} 1 \\ 0 \end{pmatrix} = \begin{pmatrix} 1\times1+2\times0 \\ 2\times1+1\times0 \end{pmatrix} = \begin{pmatrix} 1 \\ 2 \end{pmatrix}$

ベクトル $\vec{x}$ とベクトル $A\vec{x}$ を図1に示す.

(2) $B\vec{x} = \begin{pmatrix} 0 & -1 \\ 1 & 0 \end{pmatrix} \begin{pmatrix} 1 \\ 0 \end{pmatrix} = \begin{pmatrix} 0\times1+(-1)\times0 \\ 1\times1+0\times0 \end{pmatrix} = \begin{pmatrix} 0 \\ 1 \end{pmatrix}$

同様にして, $B\vec{y} = \begin{pmatrix} -1 \\ 1 \end{pmatrix}$, $B\vec{z} = \begin{pmatrix} -1 \\ 0 \end{pmatrix}$ である. 元のベクトルと共に, 図2~4にそれぞれ示す.

　上の例題で分かるように, 行列はベクトルの方向と大きさを変える作用を表す. 例題7-7(2)の行列Bは, ベクトルの大きさを変えずに反時計回りに90度回転させる行列である.

　なお, ベクトルの大きさを変えずに反時計回りに角度θだけ回転させる行列

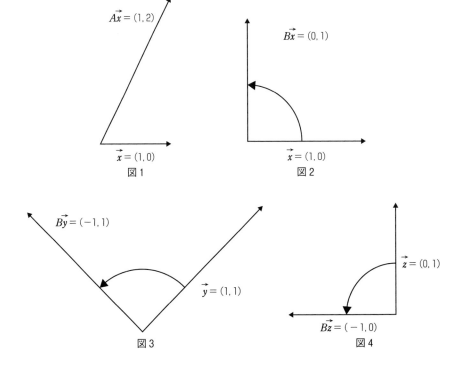

図1　　　　　　　　　　図2

図3　　　　　　　　　　図4

は

$$\begin{pmatrix} \cos\theta & -\sin\theta \\ \sin\theta & \cos\theta \end{pmatrix} \tag{7.14}$$

で表される．従って，180度回転させる行列は $\begin{pmatrix} -1 & 0 \\ 0 & -1 \end{pmatrix}$ である．

問題 7-6　$A = \begin{pmatrix} \dfrac{1}{2} & \dfrac{\sqrt{3}}{2} \\ \dfrac{\sqrt{3}}{2} & \dfrac{1}{2} \end{pmatrix}$, $\vec{u} = \begin{pmatrix} 1 \\ 0 \end{pmatrix}$ のとき，$A\vec{u}$ を求め，ベクト

ル $\vec{u}$ とベクトル $A\vec{u}$ を図示せよ．なお，この行列は，式(7.14)で $\theta = \dfrac{\pi}{3}$

（=60°）としたものである．

コラム 7-2　ニューラルネットワークと線形代数

　神経細胞の働きの最も簡単なモデルとして，図1にニューロン Y が2つの入力信号 x_i, $(i=1, 2)$ を重み w_i, $(i=1, 2)$ を付けて受け取り，信号 y を出力する場合を示す．

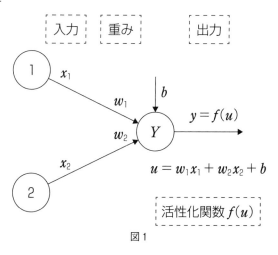

図1

　ニューロン Y が受け取る信号は $w_1x_1 + w_2x_2$ である．ニューロン Y はこれにバイアス b を加えた値

$$u = \sum_{i=1}^{2} w_i x_i + b \tag{1a}$$

を活性化関数 $f(u)$ で評価し，その値 $y = f(u)$ を次のニューロンに出力する．活性化関数としては，階段関数やシグモイド関数等が用いられる．

　式(1a)の Σ はベクトル $\vec{w} = (w_1, w_2)$ とベクトル $\vec{x} = (x_1, x_2)$ の内積であるから次の形に書ける．

$$u = \vec{w} \cdot \vec{x} + b \tag{1b}$$

式(1b)は入力信号の数がいくつであっても同じ形式で書ける．

　ニューロンが2つの場合を図2に示す．ニューロン Y_1 が2つの入力信号 x_i，$(i=1, 2)$ を重み w_{i1}，$(i=1, 2)$ を付けて受け取って信号 y_1 を出力し，Y_2 が2つの入力信号 x_i，$(i=1, 2)$ を重み w_{i2}，$(i=1, 2)$ を付けて受け取って信号 y_2 を出力するとする．

　ニューロン Y_1 が受け取る信号は $w_{11}x_1 + w_{12}x_2$，Y_2 が受け取る信号は $w_{21}x_1 + w_{22}x_2$ である．ニューロン Y_1，Y_2 はこれらにバイアス b_1，b_2 をそれぞれ加えた値

$$\begin{pmatrix} u_1 \\ u_2 \end{pmatrix} = \begin{pmatrix} w_{11} & w_{12} \\ w_{21} & w_{22} \end{pmatrix} \begin{pmatrix} x_1 \\ x_2 \end{pmatrix} + \begin{pmatrix} b_1 \\ b_2 \end{pmatrix} \tag{2a}$$

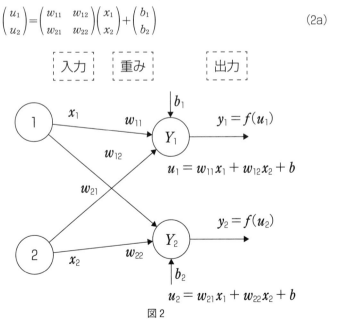

図2

を活性化関数 $f(\vec{u})$ で評価し，その値 $y=f(\vec{u})$ を次のニューロンに出力する．
式(2a)は行列とベクトルを用いて次の形に書ける．

$$\vec{u}=W\vec{x}+\vec{b} \tag{2b}$$

　ニューラルネットワークにおいては，入力信号と出力信号の関係はニューロン
が何個であっても式(2b)で表すことができ，線形代数が本質的に重要な役割を
果たす．

7.5　行 列 の 積

行列同士の積は行列とベクトルの積の拡張である．行列の積では交換則
が成り立たない．

$x,\ y,\ z,\ w$ を未知数とし，係数行列が同じ2組の連立方程式

$$\begin{cases} ax+by=\alpha \\ cx+dy=\beta \end{cases} \tag{7.15a}$$

$$\begin{cases} az+bw=\gamma \\ cz+dw=\delta \end{cases} \tag{7.15b}$$

を考える．これをそれぞれ行列形式で書くと次のようになる．

$$\begin{pmatrix} a & b \\ c & d \end{pmatrix}\begin{pmatrix} x \\ y \end{pmatrix}=\begin{pmatrix} \alpha \\ \beta \end{pmatrix}$$

$$\begin{pmatrix} a & b \\ c & d \end{pmatrix}\begin{pmatrix} z \\ w \end{pmatrix}=\begin{pmatrix} \gamma \\ \delta \end{pmatrix}$$

これを，

$$\begin{pmatrix} a & b \\ c & d \end{pmatrix}\begin{pmatrix} x & z \\ y & w \end{pmatrix}=\begin{pmatrix} \alpha & \gamma \\ \beta & \delta \end{pmatrix} \tag{7.16}$$

と書くことにする．式(7.15a, b)と式(7.16)が同じものを表すためには，行
列同士の積の規則は，

$$\begin{pmatrix} a & b \\ c & d \end{pmatrix}\begin{pmatrix} x & z \\ y & w \end{pmatrix} = \begin{pmatrix} ax+by & az+bw \\ cx+dy & cz+dw \end{pmatrix} \tag{7.17}$$

でなければならない．これは図 7-8 に示すように，行列とベクトルの積の規則 (7.11) を横に 2 つ並べただけである．

$$\begin{pmatrix} a & b \\ c & d \end{pmatrix}\begin{pmatrix} x & z \\ y & w \end{pmatrix} = \begin{pmatrix} ax+by & az+bw \\ cx+dy & cz+dw \end{pmatrix}$$

$$\begin{pmatrix} a & b \\ c & d \end{pmatrix}\begin{pmatrix} x & z \\ y & w \end{pmatrix} = \begin{pmatrix} ax+by & az+bw \\ cx+dy & cz+dw \end{pmatrix}$$

図 7-8

例題 7-7　$\begin{pmatrix} 0 & 1 \\ 2 & 3 \end{pmatrix}\begin{pmatrix} 4 & 5 \\ 6 & 7 \end{pmatrix}$ を求めよ．

[解]

$$\begin{pmatrix} 0\times4+1\times6 & 0\times5+1\times7 \\ 2\times4+3\times6 & 2\times5+3\times7 \end{pmatrix} = \begin{pmatrix} 6 & 7 \\ 26 & 31 \end{pmatrix}$$

問題 7-7　次の行列の積を求めよ．

(1) $\begin{pmatrix} 0 & 1 \\ 1 & 0 \end{pmatrix}\begin{pmatrix} 1 & 2 \\ 3 & 4 \end{pmatrix}$　　　　(2) $\begin{pmatrix} -1 & 0 \\ 0 & -1 \end{pmatrix}^2$

実数同士の積では交換則が成り立つ．すなわち，

$$ab = ba$$

であるが，行列の積においては一般には交換則が成り立たず，

$$AB \neq BA$$

である．例えば，

$$A = \begin{pmatrix} 0 & 1 \\ 0 & 0 \end{pmatrix}, \ B = \begin{pmatrix} 1 & 0 \\ 0 & 0 \end{pmatrix}$$

のとき，AB, BA は次のようになる.

$$AB = \begin{pmatrix} 0 & 0 \\ 0 & 0 \end{pmatrix}, \ BA = \begin{pmatrix} 0 & 1 \\ 0 & 0 \end{pmatrix}$$

　2つの行列 A, B の積は，A の列数と B の行数が一致しなければ定義できない. すなわち，A が $m \times n$ 行列，B が $i \times j$ 行列の時，$n = i$ でなければ積が定義できない. これは前節で学んだ，行列とベクトルの積においては行列の列数とベクトルの行数とが一致していなければならないことから簡単に理解できる. また，$m \times n$ 行列と $n \times j$ 行列の積は $m \times j$ 行列である. これは，$m \times n$ 行列と n 行ベクトル（$n \times 1$ 行列）の積が m 行ベクトル（$m \times 1$ 行列）であることから簡単に理解できる.

　例を示そう.

$$A = \begin{pmatrix} p & q \\ r & s \\ t & u \end{pmatrix}, \ B = \begin{pmatrix} a & b \\ c & d \end{pmatrix}$$

とするとき，A は 3×2 行列で B は 2×2 行列であるから，AB は積が定義でき，それは 3×2 行列になる. すなわち，

$$AB = \begin{pmatrix} p & q \\ r & s \\ t & u \end{pmatrix} \begin{pmatrix} a & b \\ c & d \end{pmatrix} = \begin{pmatrix} pa+qc & pb+qd \\ ra+sc & rb+sd \\ ta+uc & tb+ud \end{pmatrix}$$

しかし BA は積が定義できない.

　MMULT 関数を使うことで，行列とベクトルの積と同様の手順によって行列の積を求めることができる. ただし，計算結果を出力する範囲を指定しなければならないので，$m \times n$ 行列と $n \times j$ 行列の積は $m \times j$ 行列になることを知っておく必要がある.

　例題 7-8　次の行列の積は定義できるか？　定義できるなら積を求めよ.

(1) $\begin{pmatrix} a & b \\ c & d \end{pmatrix} (p \quad q)$ (2) $\begin{pmatrix} p \\ q \end{pmatrix} (r \quad s)$ (3) $(r \quad s) \begin{pmatrix} p \\ q \end{pmatrix}$

[解]

(1) （2行2列）×（1行2列）であり，第1の行列の列数と第2の行列の行数が一致しないため積は定義できない.

(2) （2行1列）×（1行2列）であり，第1の行列の列数と第2の行列の行数が一致するため積は定義でき，2行2列の行列となる.

$$\begin{pmatrix} p \\ q \end{pmatrix} (r \quad s) = \begin{pmatrix} pr & ps \\ qr & qs \end{pmatrix}$$

(3) （1行2列）×（2行1列）であり，第1の行列の列数と第2の行列の行数が一致するため積は定義でき，1行1列の行列，即ちスカラーとなる.

$$(r \quad s) \begin{pmatrix} p \\ q \end{pmatrix} = rp + sq$$

　上の例題の(3)は，ベクトルの内積を行列の積の形で書いたものである. 従って，数学ソフトに行列の積の計算機能があればベクトルの内積を計算できる（例題 A2-6 参照）.

問題 7-8 　次の行列の積は定義できるか？　定義できるなら積を求めよ.

(1) $(p \quad q) \begin{pmatrix} a & b \\ c & d \end{pmatrix}$ (2) $\begin{pmatrix} p \\ q \end{pmatrix} \begin{pmatrix} a & b \\ c & d \end{pmatrix}$

問題 7-9 　次の行列の積を求めよ.

(1) $\begin{pmatrix} 0 & 1 \\ 1 & 0 \end{pmatrix} \begin{pmatrix} 1 & 2 \\ 3 & 4 \end{pmatrix}$ (2) $\begin{pmatrix} a & b & c \\ p & q & r \\ s & t & u \end{pmatrix} \begin{pmatrix} x \\ y \\ z \end{pmatrix}$

　行列の積については，次の式が成り立つ. A, B, C は行列，k は実数である.

$$(AB)C = A(BC) \tag{7.18}$$

$$(A+B)C = AC + BC, \quad A(B+C) = AB + BC \tag{7.19}$$

$$(kA)B = A(kB) = k(AB) \tag{7.20}$$

式 (7.18) は積の結合則，式 (7.19) は積の分配則である．先に述べたように，積の交換則 $AB = BA$ は成り立たない．

【演習 7-3】　$A = \begin{pmatrix} a & b \\ c & d \end{pmatrix}$，$B = \begin{pmatrix} p & q \\ r & s \end{pmatrix}$，$C = \begin{pmatrix} x & y \\ z & w \end{pmatrix}$ として，2 次の正方行列について式 (7.18)〜(7.20) が成立することを確かめよ．

行列 A の i 行 j 列成分を a_{ij} と書けば，2 行 2 列の行列および 3 行 3 列の行列はそれぞれ，

$$\begin{pmatrix} a_{11} & a_{12} \\ a_{21} & a_{22} \end{pmatrix}, \quad \begin{pmatrix} a_{11} & a_{12} & a_{13} \\ a_{21} & a_{22} & a_{23} \\ a_{31} & a_{32} & a_{33} \end{pmatrix}$$

と書ける．プログラム言語では二次元配列の成分は $a[i, j]$ や $a[i][j]$ などと書かれるが，これは行列成分を a_{ij} と書くことと同じである．

任意の実数 a と 0 との積は 0 である．すなわち，

$$a \cdot 0 = 0 \cdot a = 0$$

同様に，正方行列 A，および A と同形の零行列 $\mathbf{0}$ があるとき，その積は零行列である．すなわち，

$$A\mathbf{0} = \mathbf{0}A = \mathbf{0} \tag{7.21}$$

任意の実数 a と 1 との積は a である．すなわち，

$$1 \cdot a = a \cdot 1 = a$$

同様に，任意の正方行列 A，および A と同形の I について，

$$IA = AI = A \tag{7.22}$$

となる I が存在する．これは，行列 $\begin{pmatrix} 1 & 0 \\ 0 & 1 \end{pmatrix}$, $\begin{pmatrix} 1 & 0 & 0 \\ 0 & 1 & 0 \\ 0 & 0 & 1 \end{pmatrix}$ のように，$a_{ii}=1$ で，

それ以外の成分は 0 である行列である．この行列を単位行列という．本書では単位行列を I と書く．

また，単位行列とベクトルの積は，

$$\vec{x} = \begin{pmatrix} x \\ y \end{pmatrix}$$

とするとき，

$$\begin{pmatrix} 1 & 0 \\ 0 & 1 \end{pmatrix}\begin{pmatrix} x \\ y \end{pmatrix} = \begin{pmatrix} x \\ y \end{pmatrix}$$

となる．すなわち，

$$\vec{Ix} = \vec{x}$$

コラム 7-3 単 位 元

 a を任意の実数とするとき，$a+0=0+a=a$ である．このとき 0 を加法の単位元という（加法の単位元は零元と呼ばれることが多い）．

また，$a \cdot 1 = 1 \cdot a = a$ である．このとき 1 を乗法の単位元という．

一般に，ある演算 $\#$ があったとき，任意の a に対して $a\#e=e\#a=a$ となる e を，演算 $\#$ の単位元という（ここでの e はネイピア数ではない）．

零行列は行列の加法の単位元である．また，単位行列は行列の乗法の単位元である．

【演習 7-4】 $A = \begin{pmatrix} a & b \\ c & d \end{pmatrix}$, $I = \begin{pmatrix} 1 & 0 \\ 0 & 1 \end{pmatrix}$ として，2 次の正方行列について式 (7.22) が成立することを確かめよ．また a, b, c, d に適当な数字を設定して MMULT 関数を用いて式 (7.22) が成立することを確かめよ．

7.6　逆行列と連立方程式

> 逆行列を使えば，連立一次方程式は，一次方程式と同じ形式で解くことができる.

　連立一次方程式は，線形代数の知識を用いて問題にアプローチすることができる．ここでは，二元連立一次方程式を行列形式で解いてみよう.
　一次方程式

$$ax = c, \ a \neq 0$$

の解は，未知数 x の係数の逆数 $a^{-1} = \dfrac{1}{a}$ を両辺にかけ，$a^{-1}a = 1$ であることから，

$$x = a^{-1}c\left(= \frac{c}{a} \right)$$

と解くことができる.
　同様に，連立一次方程式

$$\begin{cases} ax + by = \alpha \\ cx + dy = \beta \end{cases}$$

において，

$$A = \begin{pmatrix} a & b \\ c & d \end{pmatrix}, \ \vec{x} = \begin{pmatrix} x \\ y \end{pmatrix}, \ \vec{\alpha} = \begin{pmatrix} \alpha \\ \beta \end{pmatrix}$$

と置いて連立一次方程式を行列形式で，

$$A\vec{x} = \vec{\alpha} \tag{7.23}$$

と書くとき，この方程式が一次方程式と同じ形で解けないか考えてみよう.
　式(7.23)の両辺に行列 A の「逆数」A^{-1}（注：$\dfrac{1}{A}$ とは書かない）を左からかけて，

$$A^{-1}A\vec{x} = A^{-1}\vec{\alpha}$$

とする. もしも,

$$A^{-1}A = I \text{ (単位行列)}$$

なら, $I\vec{x} = \vec{x}$ であるから,

$$\vec{x} = A^{-1}\vec{a}$$

と解ける.

行列Aに対し,

$$A^{-1}A = AA^{-1} = I \tag{7.24}$$

となる A^{-1} をAの逆行列という. 連立一次方程式は未知数が何個であっても式(7.23)の形に書けるから, 係数行列の逆行列を求めることができれば方程式は解けることになる.

コラム7-4. 逆　元

aを任意の実数とするとき, $a + (-a) = (-a) + a = 0$である. このとき $-a$ をaの加法における逆元という.

また$a \neq 0$のとき, $a \cdot \dfrac{1}{a} = \dfrac{1}{a} \cdot a = 1$である. このとき $\dfrac{1}{a}$ をaの乗法における逆元という. 乗法の逆元は特に逆数という.

一般に, ある演算#と, 演算#の単位元eがあったとき, aに対して$a\#x = x\#a = e$となるxを, aの演算#における逆元という.

逆行列は, 行列の乗法の逆元である.

逆行列を二次元正方行列について求めてみよう.

$$X = \begin{pmatrix} x & z \\ y & w \end{pmatrix}$$

と置き, $AX = I$とすると,

$$\begin{pmatrix} a & b \\ c & d \end{pmatrix} \begin{pmatrix} x & z \\ y & w \end{pmatrix} = \begin{pmatrix} 1 & 0 \\ 0 & 1 \end{pmatrix}$$

より,

$$
\begin{cases}
ax+by=1 \\
cx+dy=0 \\
az+bw=0 \\
cz+dw=1
\end{cases}
\tag{7.25}
$$

これを解いて (問題 1-11 (2) 参照),

(1) $ad-bc\neq0$ のとき,

$$
X=\frac{1}{ad-bc}\begin{pmatrix} d & -b \\ -c & a \end{pmatrix}
$$

この X について $AX=XA=I$ が成り立つ (演習 7-5) から $X=A^{-1}$ である.

(2) $ad-bc=0$ のとき式 (7.25) を満たす $x,\ y,\ z,\ w$ は不定であり, 逆行列も存在しない.

　逆行列が存在する行列を正則行列という. $A=\begin{pmatrix} a & b \\ c & d \end{pmatrix}$ が正則行列の時, その逆行列は上の議論により, 次式で与えられる.

$$
A^{-1}=\frac{1}{ad-bc}\begin{pmatrix} d & -b \\ -c & a \end{pmatrix}
\tag{7.26}
$$

式 (7.26) に現れる $ad-bc$ を行列式 (determinant) といい, $|A|$ や $\det(A)$ のように表わす. すなわち, 2 行 2 列の行列の行列式は

$$
|A|=ad-bc
\tag{7.27}
$$

で与えられる.

　上の議論により, 連立一次方程式が唯一の解を持つ条件は, 行列式を用いて次のように書ける.

$$
|A|\neq0
\tag{7.28a}
$$

これは逆行列が存在する条件である. 逆行列が存在しない条件は,

$$
|A|=0
\tag{7.28b}
$$

【演習 7-5】 式(7.26)で定義される A^{-1} が，実際に $A^{-1}A = AA^{-1} = I$ となることを確かめよ．

例題 7-9 $A = \begin{pmatrix} 1 & 2 \\ 1 & 4 \end{pmatrix}$ の逆行列を求め，式(7.24)を確かめよ．

[解]

行列式を計算すると，

$$|A| = 1 \cdot 4 - 2 \cdot 1 = 2 \neq 0$$

であるから逆行列は存在する．式(7.26)より逆行列は，

$$A^{-1} = \frac{1}{2}\begin{pmatrix} 4 & -2 \\ -1 & 1 \end{pmatrix}$$

と求められる．

$$A^{-1}A = \frac{1}{2}\begin{pmatrix} 4 & -2 \\ -1 & 1 \end{pmatrix}\begin{pmatrix} 1 & 2 \\ 1 & 4 \end{pmatrix} = \frac{1}{2}\begin{pmatrix} 2 & 0 \\ 0 & 2 \end{pmatrix} = \begin{pmatrix} 1 & 0 \\ 0 & 1 \end{pmatrix}$$

$$AA^{-1} = \frac{1}{2}\begin{pmatrix} 1 & 2 \\ 1 & 4 \end{pmatrix}\begin{pmatrix} 4 & -2 \\ -1 & 1 \end{pmatrix} = \frac{1}{2}\begin{pmatrix} 2 & 0 \\ 0 & 2 \end{pmatrix} = \begin{pmatrix} 1 & 0 \\ 0 & 1 \end{pmatrix}$$

よって，

$$A^{-1}A = AA^{-1} = I$$

例題 7-10 次の連立方程式を，逆行列を使って解け．
$$\begin{cases} x - y = 1 \\ 2x + 3y = 7 \end{cases}$$

[解]

この連立方程式を行列形式で書くと，

$$\begin{pmatrix} 1 & -1 \\ 2 & 3 \end{pmatrix}\begin{pmatrix} x \\ y \end{pmatrix}=\begin{pmatrix} 1 \\ 7 \end{pmatrix}$$

係数行列をAと置くと，行列式は，

$$|A|=1\cdot3-(-1)\cdot2=3+2=5\neq0$$

であるから逆行列が存在する．

$$A^{-1}=\frac{1}{5}\begin{pmatrix} 3 & 1 \\ -2 & 1 \end{pmatrix}$$

であるから，

$$\begin{pmatrix} x \\ y \end{pmatrix}=\frac{1}{5}\begin{pmatrix} 3 & 1 \\ -2 & 1 \end{pmatrix}\begin{pmatrix} 1 \\ 7 \end{pmatrix}=\frac{1}{5}\begin{pmatrix} 10 \\ 5 \end{pmatrix}=\begin{pmatrix} 2 \\ 1 \end{pmatrix}$$

問題 7-10　次の連立方程式を，逆行列を使って解け．

(1) $\begin{cases} x+y=4 \\ x-2y=3 \end{cases}$　　　　(2) $\begin{cases} 2x+y=8 \\ x+2y=7 \end{cases}$

Excel では行列式は MDETERM 関数で求められる．また，逆行列は MINVERSE 関数で求められる．いずれも数学関数に分類されている．MDETERM 関数の書式は以下である．

　　　MDETERM（行列のセル範囲）

MINVERSE 関数の書式は以下である．

　　　MINVERSE（行列のセル範囲）

【演習 7-6】　例題 7-9 の逆行列を，MINVERSE 関数を用いて求めよ．また式(7.24)を満たしていることを確認せよ．

【演習 7-7】　例題 7-10 の連立方程式を，MINVERSE 関数を用いて行列形式で解け．

7.7 行列の固有値と固有ベクトル

｜ 行列の固有値・固有ベクトルとその図形的意味を学ぶ.

正方行列Aに対し,

$$A\vec{v}=\lambda\vec{v} \tag{7.29}$$

を満たすスカラー λ （ラムダ）とベクトル $\vec{v}(\neq\vec{0})$ があるとき，λ を行列Aの固有値，$\vec{v}$ を固有ベクトルという．これは，正方行列と固有ベクトルの積は，固有ベクトルの実数倍に等しいことを意味する（下の例題7-11 図1, 2 参照）．式(7.29)は $\vec{v}$ を実数倍したベクトルに対しても成り立つので，固有ベクトルの大きさには任意性がある.

行列の固有値と固有ベクトルは，データサイエンスや社会調査等で多変量解析（主成分分析）を行うときの基本となっており，多数のデータの次元を減らしてエッセンスを抽出できる有力なツールである.

固有値と固有ベクトルの図形的意味を考えよう．式(7.29)より，固有ベクトルは行列が作用しても方向が変わらないベクトルであり，行列の作用が固有ベクトルを同じ直線上で λ 倍に引き延ばす作用を意味する．固有値が負の場合，行列は反対方向に引き延ばす作用を意味する.

次の例題で，行列の固有値と固有ベクトルとその図形的意味を具体的に考える.

例題 7-11 $A=\begin{pmatrix} 1 & 2 \\ 2 & 1 \end{pmatrix}$ に対して，$\vec{v_1}=\begin{pmatrix} 1 \\ 1 \end{pmatrix}$, $\vec{v_2}=\begin{pmatrix} 1 \\ -1 \end{pmatrix}$ は，行列 A の固有ベクトルであることを確かめよ．また固有値を求めよ.

［解］

$$\begin{pmatrix} 1 & 2 \\ 2 & 1 \end{pmatrix}\begin{pmatrix} 1 \\ 1 \end{pmatrix}=\begin{pmatrix} 3 \\ 3 \end{pmatrix}=3\begin{pmatrix} 1 \\ 1 \end{pmatrix}$$

であるから，$\vec{v_1}$ は行列Aの固有ベクトルで，固有値は3である.

$$\begin{pmatrix} 1 & 2 \\ 2 & 1 \end{pmatrix}\begin{pmatrix} 1 \\ -1 \end{pmatrix}=\begin{pmatrix} -1 \\ 1 \end{pmatrix}=-1\begin{pmatrix} 1 \\ -1 \end{pmatrix}$$

であるから，$\vec{v_2}$ は行列Aの固有ベクトルで，固有値は -1 である．
　図1，図2に，固有ベクトル及び，行列と固有ベクトルの積を示す．

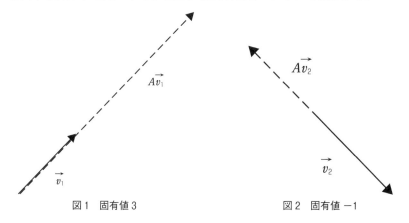

図1　固有値 3　　　　　　　　　　図2　固有値 -1

　固有値と固有ベクトルを求める一般的な方法を考えよう．
　単位行列 I に対して $\lambda\vec{v}=\lambda I\vec{v}$ であるから，式(7.29)は次のように書ける．

$$(A-\lambda I)\vec{v}=\vec{0} \tag{7.30}$$

固有ベクトルの定義により $\vec{v}\neq\vec{0}$ であるから，(7.30)が成立するためには $A-\lambda I$ に逆行列が存在してはならない．7.6節より，逆行列が存在しない条件は，行列式＝0 であるから，

$$|A-\lambda I|=0 \tag{7.31}$$

これを固有方程式（または永年方程式）という．

　2×2 行列の場合を考えよう．$A=\begin{pmatrix} a & b \\ c & d \end{pmatrix}$ とする．$I=\begin{pmatrix} 1 & 0 \\ 0 & 1 \end{pmatrix}$ だから，

$$A-\lambda I=\begin{pmatrix} a & b \\ c & d \end{pmatrix}-\lambda\begin{pmatrix} 1 & 0 \\ 0 & 1 \end{pmatrix}=\begin{pmatrix} a-\lambda & b \\ c & d-\lambda \end{pmatrix}$$

従って，この場合式(7.31)は次のように書ける．

$$\begin{vmatrix} a-\lambda & b \\ c & d-\lambda \end{vmatrix}=0 \qquad\qquad (7.32\text{a})$$

または

$$\lambda^2-(a+d)\lambda+ad-bc=0 \qquad\qquad (7.32\text{b})$$

例題 7-12　例題 7-11 の行列 A に対して，固有方程式を解くことにより固有値と固有ベクトルを求めよ．

[解]

$A=\begin{pmatrix} 1 & 2 \\ 2 & 1 \end{pmatrix}$ の固有値を λ と書くと，式(7.32b)より

$$\lambda^2-2\lambda-3=0$$
$$(\lambda+1)(\lambda-3)=0$$
$$\therefore \lambda=3,\ -1$$

固有ベクトル $\vec{v}$ を $\begin{pmatrix} x \\ y \end{pmatrix}$ と書く．

$\lambda=3$ のとき，

$$\begin{pmatrix} 1 & 2 \\ 2 & 1 \end{pmatrix}\begin{pmatrix} x \\ y \end{pmatrix}=3\begin{pmatrix} x \\ y \end{pmatrix}$$

$$\begin{cases} x+2y=3x \\ 2x+y=3y \end{cases}$$

この 2 式はいずれも，

$$x-y=0$$

と表せる．これは，直線 $y=x$ 上の任意の実数の組に対して成り立つが，$x=1$，$y=1$ としたものが，例題 7-11 の $\lambda=3$ に対する固有ベクトル $\vec{v_1}$ である．

$\lambda=-1$ のとき，

$$\begin{pmatrix} 1 & 2 \\ 2 & 1 \end{pmatrix}\begin{pmatrix} x \\ y \end{pmatrix} = -\begin{pmatrix} x \\ y \end{pmatrix}$$

$$\begin{cases} x + 2y = -x \\ 2x + y = -y \end{cases}$$

この 2 式はいずれも,

$$x + y = 0$$

と表せる．これは，直線 $y = -x$ 上の任意の実数の組に対して成り立つが，$x = 1$, $y = -1$ としたものが，例題 7-11 の $\lambda = -1$ に対する固有ベクトル $\vec{v_2}$ である．

固有ベクトルを規格化すると，

$$\vec{v_1} = \frac{1}{\sqrt{2}}\begin{pmatrix} 1 \\ 1 \end{pmatrix}, \ \vec{v_2} = \frac{1}{\sqrt{2}}\begin{pmatrix} 1 \\ -1 \end{pmatrix}$$

と書ける．

問題 7-11 　次の行列の固有値と固有ベクトルを求めよ．固有ベクトルは，要素が互いに素な整数の組として求めよ．

(1) $\begin{pmatrix} 2 & 1 \\ 1 & 2 \end{pmatrix}$　　　　　　(2) $\begin{pmatrix} 1 & 2 \\ 2 & -2 \end{pmatrix}$

7.8 固有値と行列のべき乗

固有値が存在する行列のべき乗は，固有値を利用すると計算が簡単になる．

例題 7-13　例題 7-11 の行列 A について，以下を計算せよ．(3)は固有値・固有ベクトルを用いよ．

(1) A^2　　　　　(2) A^3　　　　　(3) A^n

[解]

(1) $A^2=\begin{pmatrix} 1 & 2 \\ 2 & 1 \end{pmatrix}\begin{pmatrix} 1 & 2 \\ 2 & 1 \end{pmatrix}=\begin{pmatrix} 5 & 4 \\ 4 & 5 \end{pmatrix}$

(2) $A^3=A^2A=\begin{pmatrix} 5 & 4 \\ 4 & 5 \end{pmatrix}\begin{pmatrix} 1 & 2 \\ 2 & 1 \end{pmatrix}=\begin{pmatrix} 13 & 14 \\ 14 & 13 \end{pmatrix}$

(3) $A=\begin{pmatrix} 1 & 2 \\ 2 & 1 \end{pmatrix}$ の固有ベクトル $\vec{v_1}=\begin{pmatrix} 1 \\ 1 \end{pmatrix}$, $\vec{v_2}=\begin{pmatrix} 1 \\ -1 \end{pmatrix}$ に対し, 固有値はそれぞれ 3, -1 であった. $A\vec{v_1}=3\vec{v_1}$, $A\vec{v_2}=-1\vec{v_2}$ であるから, $A^n\vec{v_1}=3^n\vec{v_1}$, $A^n\vec{v_2}=(-1)^n\vec{v_2}$. これをベクトルの要素で書くと,

$$A^n\begin{pmatrix} 1 \\ 1 \end{pmatrix}=3^n\begin{pmatrix} 1 \\ 1 \end{pmatrix}$$
$$A^n\begin{pmatrix} 1 \\ -1 \end{pmatrix}=(-1)^n\begin{pmatrix} 1 \\ -1 \end{pmatrix}$$

よって

$$A^n\begin{pmatrix} 1 & 1 \\ 1 & -1 \end{pmatrix}=\begin{pmatrix} 3^n & (-1)^n \\ 3^n & -(-1)^n \end{pmatrix}$$
$$\therefore A^n=\begin{pmatrix} 3^n & (-1)^n \\ 3^n & -(-1)^n \end{pmatrix}\begin{pmatrix} 1 & 1 \\ 1 & -1 \end{pmatrix}^{-1}$$
$$=\begin{pmatrix} 3^n & (-1)^n \\ 3^n & -(-1)^n \end{pmatrix}\times\left(-\frac{1}{2}\right)\begin{pmatrix} -1 & -1 \\ -1 & 1 \end{pmatrix}$$
$$=\frac{1}{2}\begin{pmatrix} 3^n+(-1)^n & 3^n-(-1)^n \\ 3^n-(-1)^n & 3^n+(-1)^n \end{pmatrix}$$

問題 7-12 次の計算をせよ.

(1) $\begin{pmatrix} 2 & 1 \\ 1 & 2 \end{pmatrix}^n$

(2) $\begin{pmatrix} 1 & 2 \\ 2 & -2 \end{pmatrix}^n$

7.9 行列の対角化と行列のべき乗

| 行列を対角化できれば，行列のべき乗を簡単に計算できる．

左上から右下への対角線を挟んで対称な位置にある要素が等しい行列を対称行列という．$\begin{pmatrix} 1 & 2 \\ 2 & -2 \end{pmatrix}$, $\begin{pmatrix} 1 & 3 \\ 3 & -2 \end{pmatrix}$, $\begin{pmatrix} 3 & -1 \\ -1 & 5 \end{pmatrix}$ などが対称行列である．

正方行列を列（または行）ベクトルの並びと考えたとき，各ベクトルが互いに直交し，その大きさが 1 である行列を直交行列という．例えば，$P = \frac{1}{\sqrt{2}} \begin{pmatrix} 1 & -1 \\ 1 & 1 \end{pmatrix}$ に対し，$\vec{v_1} = \frac{1}{\sqrt{2}} \begin{pmatrix} 1 \\ 1 \end{pmatrix}$, $\vec{v_2} = \frac{1}{\sqrt{2}} \begin{pmatrix} -1 \\ 1 \end{pmatrix}$ を考えると，大きさは 1 で $\vec{v_1} \cdot \vec{v_2} = 0$ であるからこの 2 つのベクトルは直交している．従って，この行列 P は直交行列である．

次に，対称行列の固有ベクトルについて考えよう．

$A = \begin{pmatrix} 1 & 2 \\ 2 & 1 \end{pmatrix}$ の 2 つの固有ベクトル $\frac{1}{\sqrt{2}} \begin{pmatrix} 1 \\ 1 \end{pmatrix}$ と $\frac{1}{\sqrt{2}} \begin{pmatrix} 1 \\ -1 \end{pmatrix}$ の内積は，

$$\frac{1}{\sqrt{2}} \begin{pmatrix} 1 \\ 1 \end{pmatrix} \cdot \frac{1}{\sqrt{2}} \begin{pmatrix} 1 \\ -1 \end{pmatrix} = \frac{1}{2}(1 \times 1 - 1 \times 1) = 0$$

であるからこの 2 つの固有ベクトルは直交する．

一般に，対称行列の 2 つの相異なる固有値に対する固有ベクトルは直交する．従って，対称行列の 2 つの固有ベクトルを並べた行列は直交行列である．上の行列の場合，固有ベクトルを並べた行列 $\frac{1}{\sqrt{2}} \begin{pmatrix} 1 & 1 \\ 1 & -1 \end{pmatrix}$ は直交行列である．

【演習 7-8】 問題 7-12 の行列は対称行列であるが，その固有ベクトルが直交することを確認せよ．

正方行列で左上から右下への対角線の要素以外は 0 である行列を対角行列という．例えば $\begin{pmatrix} 1 & 0 \\ 0 & 1 \end{pmatrix}$, $\begin{pmatrix} 3 & 0 \\ 0 & -1 \end{pmatrix}$ などが対角行列である．

行列を対角化できれば，行列のべき乗の計算が簡単になる．正方行列 A の固

有値が λ_1, λ_2 のとき，行列 P と P^{-1} が存在して

$$P^{-1}AP = \begin{pmatrix} \lambda_1 & 0 \\ 0 & \lambda_2 \end{pmatrix}$$

と書けるなら，

$$P^{-1}APP^{-1}AP = P^{-1}A^2P = \begin{pmatrix} \lambda_1{}^2 & 0 \\ 0 & \lambda_2{}^2 \end{pmatrix}$$

以下同様にして，

$$P^{-1}A^nP = \begin{pmatrix} \lambda_1{}^n & 0 \\ 0 & \lambda_2{}^n \end{pmatrix}$$

$$\therefore A^n = P\begin{pmatrix} \lambda_1{}^n & 0 \\ 0 & \lambda_2{}^n \end{pmatrix}P^{-1}$$

となる．以下では A は対称行列とする．

　P は対称行列 A の固有ベクトルを並べた行列に取ることができる．これを次の例でみてみよう．

例題 7-14 $A = \begin{pmatrix} 1 & 2 \\ 2 & 1 \end{pmatrix}$ の 2 つの固有ベクトル $\dfrac{1}{\sqrt{2}}\begin{pmatrix} 1 \\ 1 \end{pmatrix}$ と $\dfrac{1}{\sqrt{2}}\begin{pmatrix} 1 \\ -1 \end{pmatrix}$

を並べた行列を $P = \dfrac{1}{\sqrt{2}}\begin{pmatrix} 1 & 1 \\ 1 & -1 \end{pmatrix}$ とする．P によって A が対角化され，

対角要素は固有値となることを確かめよ．また A^n を求めよ．

[解]

$$P^{-1} = -\frac{1}{\sqrt{2}}\begin{pmatrix} -1 & -1 \\ -1 & 1 \end{pmatrix} = \frac{1}{\sqrt{2}}\begin{pmatrix} 1 & 1 \\ 1 & -1 \end{pmatrix} (=P)$$

よって

$$P^{-1}AP = \frac{1}{\sqrt{2}}\begin{pmatrix} 1 & 1 \\ 1 & -1 \end{pmatrix}\begin{pmatrix} 1 & 2 \\ 2 & 1 \end{pmatrix}\frac{1}{\sqrt{2}}\begin{pmatrix} 1 & 1 \\ 1 & -1 \end{pmatrix} = \begin{pmatrix} 3 & 0 \\ 0 & -1 \end{pmatrix}$$

すなわち，P によって A は対角化され，対角要素は A の固有値 3，-1 である．

$$P^{-1}A^nP = \begin{pmatrix} 3^n & 0 \\ 0 & (-1)^n \end{pmatrix}$$

$$\therefore A^n = P\begin{pmatrix} 3^n & 0 \\ 0 & (-1)^n \end{pmatrix}P^{-1} = \frac{1}{2}\begin{pmatrix} 1 & 1 \\ 1 & -1 \end{pmatrix}\begin{pmatrix} 3^n & 0 \\ 0 & (-1)^n \end{pmatrix}\begin{pmatrix} 1 & 1 \\ 1 & -1 \end{pmatrix}$$

$$= \frac{1}{2}\begin{pmatrix} 3^n+(-1)^n & 3^n-(-1)^n \\ 3^n-(-1)^n & 3^n+(-1)^n \end{pmatrix}$$

これは例題 7-13(3)で求めたものと一致する．

　上の例題で見たように，行列の対角化によって行列のべき乗を求めることは，固有値・固有ベクトルから行列のべき乗を求めることと本質的には同じものである．

第 8 章 統計の基礎

この章では，平均や分散・標準偏差等の集団の代表値やデータの相関について学ぶ．また確率分布や正規分布の基本事項を学ぶ．

　統計学は，社会や自然，経済や企業，職場や家庭等の何らかの集団の性質を数量的に表わし，その性質や法則を見出そうとする学問である．統計は，極めて実用的な学問・手法であり，国家経済や企業経営から家計に至るまで，あらゆる分野で統計は活用されている．統計学を学ぶことで，データに基づいた科学的判断を行うことができるようになる．統計学は AI・データサイエンスの基礎の１つであり，AI 時代に重要な分野である．

　統計学は記述統計学と推測統計学に分けることができる．記述統計学は，集団の代表値（平均値・標準偏差等）を調べたり，度数分布表やクロス集計表を作成する等の手法によって，集団の性質・傾向を調べるものである．推測統計学は，サンプルに関する知識から全体の性質を推測したり，仮説が成立するかどうか検証したりするものである．

　この章ではまず，集団の代表値やデータの相関，確率変数と確率分布について学んで，統計学への橋渡しとする．

8.1 集団の代表値

| 集団の代表値には平均値・中央値・最頻値・標準偏差等がある．

　我々は，複数の集団を比較するとき，それぞれの平均値を比較することで，集団同士の比較をすることが多い．しかし，複数の集団の平均が同じでも，分布の様子を見ると明らかに異なった集団であることがある．従って，平均値以外の集団の代表値も重要である．中でも，標準偏差（または分散）は集団のばらつきの程度を表す指標として重要である．

コラム8-1　統計学は文理共通の実学

　社会科学系の初年次生の中には統計学を「理系科目」とイメージする人が少なからず存在する．しかし，古代メソポタミア文明において既に人口や収穫量等の調査がなされていることから分かるように，統計学は社会科学系の最古の実学の１つである．現代においても統計学は社会集団に関する数量的調査（国勢調査・世論調査・マーケティング・経済動向調査等）等で重要である．数学を用いて記述されていても物理学は数学とは独立した学問であるのと同様，統計学もまた数学とは独立した学問である．

　ビジネスパーソンがビジネスデータを統計処理して活用していることから分かるように，統計学はビジネスに直接役立つ文理共通の実学であり，便利なビジネスツールである．

8.1.1　算術平均（単純平均と加重平均）

算術平均には単純平均と加重平均がある．

　通常「平均」と言われるのは算術平均である．算術平均のうち，データによって重みが異なるものを加重平均という．データの重みが全て同じものは単純平均という．

　算術平均は，対象となるデータ（例えば身長，体重，収入，売上等）の和をデータの個数（人数等）で割ったものである．すなわち，

$$平均 = \frac{データの和}{データの個数} \tag{8.1a}$$

対象となるデータの個数を n とし，それぞれに通し番号を付け，i 番目のデータを x_i と書くことにする．平均値を $\bar{x}$ と書くと，式(8.1a)は次の式で書ける．

$$\bar{x} = \frac{x_1 + x_2 + \cdots + x_n}{n} = \frac{1}{n} \sum_{i=1}^{n} x_i \tag{8.1b}$$

平均値（mean value）は μ （ミュー）や m で表されることがある．μ はギリシャ文字で，ラテン文字の m に対応する．Excel では単純平均は AVERAGE 関数で計算される．

　加重平均は，データ毎に重み付けがされている場合の平均である．これを次の例題で説明しよう．

例題 8-1　ある会社のA，B 2つの支店の営業担当者1人当たりの1週間の平均売り上げが表のように与えられているとき，(1)この2支店の営業担当者1人当たりの平均売上を求めよ．(2)Excel の SUMPRODUCT 関数を用いて同じ計算をせよ．

	A支店	B支店
売上平均（万円）	50	30
営業担当者数	10	90

［誤答例］

$$\frac{50+30}{2}=40 \ （万円）$$

支店ごとに従業員数が異なっているのに，それぞれの平均を単純平均しても全体の平均にはならない．

［解］

(1)　算術平均の定義は，$\dfrac{データの和}{データの個数}$ である．ここで各支店の売り上げは，

支店平均×担当者数

であるから，2支店の営業担当者1人当たりの平均売上は，次のように求められる．

$$\frac{A支店の売上高+B支店の売上高}{A支店の担当者数+B支店の担当者数}$$
$$=\frac{50×10+30×90}{10+90} \tag{1}$$
$$=32 \ （万円）$$

(2)　表を図1のように Excel に入力し，セル D5 に人数の合計を求めておく．売上合計は B4：C4 と B5：C5 のセル範囲同士の積和計算で求められるので，セル D4 に次の式を入力する．

“=SUMPRODUCT(B4：C4, B5：C5)”

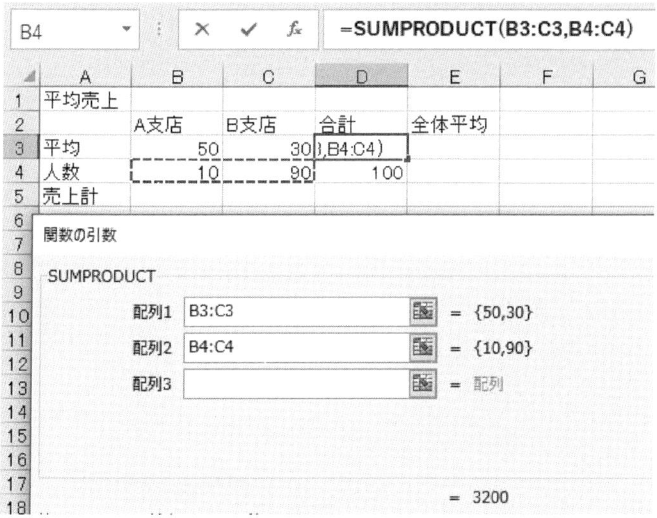

図1

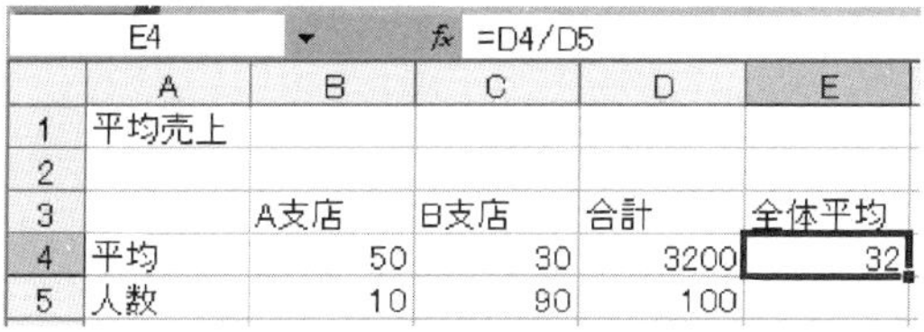

図2

これによってセル D4 に売上合計が求められる.

　全体平均は，売上合計を人数で割ったものであるから，セル E4 に入力する式は，

　　　　"＝D4/D5"（図2）

　上の例題の式(1)は，各支店の平均売り上げにそれぞれ人数の重みを付けていると考えられる．これが加重平均である.

　加重平均は，データ x_1 の重み（weight）を w_1，x_2 の重みを w_2，… とし，

$$w_1+w_2+\cdots+w_n=n$$

とするとき，次の式で与えられる.

$$\bar{x} = \frac{x_1 w_1 + x_2 w_2 + \cdots + x_n w_n}{w_1 + w_2 + \cdots + w_n} = \frac{1}{n}\sum_{i=1}^{n} x_i w_i \qquad (8.1c)$$

上式で，$w_1 = w_2 = \cdots = w_n = 1$ の場合が単純平均(8.1b)である．式(8.1c)の分子は積和計算であり，データベクトル $\vec{x}$ と重みベクトル $\vec{w}$ の内積 $\vec{x} \cdot \vec{w}$ である（7.2節参照）．

問題 8-1 ある会社にはA，B，C，D 4つの支店がある．それぞれの支店における営業担当者1人当たりの1週間の平均売り上げが表のように与えられているとき，この会社全体の営業担当者1人当たりの平均売上を求める式を書け．またその値を計算せよ．

	A支店	B支店	C支店	D支店
平均（万円）	50	30	40	30
営業担当者数	10	90	10	20

【演習 8-1】問題 8-1 を，Excel の SUMPRODUCT 関数を用いて計算せよ．

8.1.2 中央値・最頻値

データが平均値を中心として対称に分布していない場合等，平均値が全体を代表する値とはみなせない場合がある．最頻値（モード）は，データの中で最も度数（人数・個数等）が多い値である．中央値（メジアン）は，データを昇順（または降順）に並べ，順番がちょうど中央にある値である．

最頻値（モード（mode））とは，データの中で最も度数（人数・個数等）が多い値である．なお，モードには，「流行・ファッション」の意味もある．

データが平均の周りに対称に分布していない場合，集団の代表値としてモードに注目することがある．例えば年収や貯蓄額 x とその人数 y は図 8-1 のように分布していることが知られている．

最頻値は一般には複数存在し，Excel では MODE.MULT 関数で求める．一方，MODE.SNGL 関数は，最頻値が複数ある場合，最初に見つかった最頻値だけを返すため注意が必要である [20]．これらの関数は Excel では統計関数に分類されている．

中央値（メジアン（median））は，データを昇順（または降順）に並べ，順番が

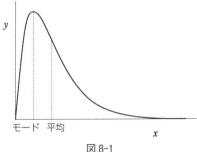

図 8-1

	A	B	C	D	E	F	G	H	I	J
1	番号	1	2	3	4	5	6	7	8	9
2	冊数	6	7	5	10	6	5	30	8	4
3	順位	5	4	7	2	5	7	1	3	9
4	平均	9								
5	中央値	6								

図 8-2

ちょうど中央にある値である．データ数が偶数の場合は真中にある 2 つのデータの平均を中央値とする．

　データの中に極端に小さい（または大きい）値があるとき，平均はその影響を強く受ける．この場合，その影響を受けにくい中央値をデータの代表値とする場合がある．例として，ある学生グループ 9 人が 1 カ月に読んだ本の冊数調査を図 8-2 に示す．この 9 人の平均は 9.0（冊）である．ところが平均より多く本を読んでいる人は 2 人しかおらず，7 人は平均以下である．これは，7 番の学生が 1 人でたくさんの本を読んでいるため，全体の平均を大きく押し上げているからである．

　中央値は Excel では MEDIAN 関数で求められる．MEDIAN 関数は，Excel では統計関数に分類されている．

　なお，スポーツの代表選手は，順序によって集団を代表する例の 1 つである．

8.1.3　分散と標準偏差

**　　分散や標準偏差は，データのばらつきの程度を表す指標である．**

　図 8-3 に，平均値が同じ 2 つの集団 A，B を示す．A，B とも，データは平均値の周りに対称に分布しているが，集団 A は分布の幅が狭い（データのばらつきが小さい）．一方，集団 B は分布の幅が広い（データのばらつきが大きい）．この

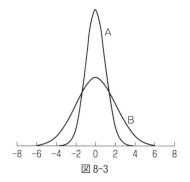

図 8-3

ように，平均値が同じでデータが平均値の周りに対称に分布していても，データのばらつきが異なればこれら 2 つの集団は性質が異なると考えられる．

データのばらつきの程度を表す指標が分散（variance）や標準偏差（standard deviation）である．

分散 σ^2 は，データ x_i と平均 $\overline{x}$ からの差 $x_i - \overline{x}$ の二乗を足し合わせたものの平均である．すなわち，

$$\sigma^2 = \frac{1}{n}\left[(x_1 - \overline{x})^2 + (x_2 - \overline{x})^2 + \cdots + (x_n - \overline{x})^2\right] = \frac{1}{n}\sum_{i=1}^{n}(x_i - \overline{x})^2$$

$$(8.2)$$

平均に対してどれくらいデータがばらついているかをみるとき，分散では直接比較ができない．例えば元のデータが長さの次元を持っているとき平均も長さの次元を持つが，分散は面積の次元をもつ．そこで，分散の平方根を取って元のデータと次元を合わせたものが標準偏差 σ である．すなわち，

$$\sigma = \sqrt{\sigma^2}$$

$$(8.3)$$

例題 8-2　3 つのデータ {1, 2, 3} があるとき，その分散と標準偏差を求めよ．

[解]

$$\overline{x} = 2$$

$$\sigma^2 = \frac{1}{3}\left[(1-2)^2+(2-2)^2+(3-2)^2\right]=\frac{2}{3}$$

$$\sigma = \sqrt{\frac{2}{3}} = 0.816\cdots$$

問題 8-2　5 つのデータ {2, 2, 3, 4, 4} があるとき，その分散と標準偏差を求めよ．

Excel では分散は VAR.P 関数，標準偏差は STDEV.P 関数で求められる．これらは統計関数に分類されている．

【演習 8-2】　例題 8-2 と問題 8-2 を，VAR.P 関数と STDEV.P 関数を用いて計算せよ．

データのばらつきの指標として，平均値からの差 $x_i - \overline{x}$ の和を取って n で割ることも考えられる．しかしこれは常に 0 になるため，ばらつきの指標として採用することはできない．それは，平均は数直線上でのデータの重心を表しているからである．実際に計算してみると，

$$\frac{1}{n}\left[(x_1-\overline{x})+(x_2-\overline{x})+\cdots+(x_n-\overline{x})\right]$$
$$=\frac{1}{n}\left[x_1+x_2+\cdots+x_n-n\overline{x}\right]$$
$$=\overline{x}-\overline{x}$$
$$=0$$

となる．このため，分散では平均値からの差を二乗することでその和を正にしているわけである．

データのばらつきの指標としては，平均値からの差の絶対値 $|x_i - \overline{x}|$ の平均

$$\frac{1}{n}\left[|x_1-\overline{x}|+|x_2-\overline{x}|+\cdots+|x_n-\overline{x}|\right]$$

も考えられる．しかし絶対値は関数のグラフが折れ曲がっているため導関数が

不連続になり，数学上の扱いが面倒である．従って，データのばらつきの指標としては，多くの場合，分散あるいは標準偏差が用いられる．

コラム 8-2 品質管理と分散・標準偏差

　工業製品の品質管理を行う際の指標の1つが分散（または標準偏差）である．大量生産される製品であっても，製品のサイズや質量等には必ずばらつきがあるが，ばらつきが少ないほど高品質と考えられる．精密機器では特にばらつきが低いことが要求される．ばらつきが大きくなった場合，生産工程に問題が発生している可能性がある．

　品質管理を厳しくしてばらつきの少ない製品を作ろうとすると，それは価格に反映される．安価な製品は，材料費を抑えているだけでなく，品質管理のコストも抑えていることがある．

8.2 期　待　値

期待値は確率を使って計算された平均値であり，重みとして確率を用いた加重平均である．

　ある値（さいころの目やくじの賞金額）とそれを取る確率（さいころの目が出る確率やくじに当たる確率）が与えられたとき，試行1回当たりの平均値を期待値（expectation）という．以下，くじを例にとって期待値について説明する．

　10本のくじで，一等・二等・外れの賞金と本数が**表 8-1a** のように設定されているとする．

　このくじの1本あたりの平均賞金額を計算しよう．賞金総額は，

$$5000 \times 1 + 1000 \times 2 + 0 \times 7 = 7000 \ （円）$$

である．これをくじの本数10で割ることで，1本あたりの平均賞金額は，

$$\frac{5000 \times 1 + 1000 \times 2 + 0 \times 7}{10} = 700 \ （円）$$

と求められる．これは加重平均である．

表 8-1a

	一等	二等	外れ
賞金（円）	5000	1000	0
本数	1	2	7

表 8-1b

	一等	二等	外れ
賞金（円）	5000	1000	0
確率	$\frac{1}{10}$	$\frac{2}{10}$	$\frac{7}{10}$

表 8-2

X	x_1	x_2	$\cdots$	x_n
P	p_1	p_2	$\cdots$	p_n

ところで，上式の左辺を E と置いて，

$$E = 5000 \times \frac{1}{10} + 1000 \times \frac{2}{10} + 0 \times \frac{7}{10}$$

と書き直してみる．$\frac{1}{10}$ は一等に当たる確率，$\frac{2}{10}$ は二等に当たる確率，$\frac{7}{10}$ は外れの確率である．つまり，1 本あたりの平均賞金額は，賞金額とその賞金が当たる確率の積を足していくことで計算できる．

　このように，ある事象が起こる確率とその事象が起こったときに得られる値を掛け合わせ，全ての場合について足し合わせることで得られる値が期待値（expectation）である．

　表 8-1a のくじ引きを，当たりの本数の代わりに確率で表すと **表 8-1b** のようになる．期待値を計算する場合は，事象とそれが起こる確率を対応させた表を作成するとよい．

　期待値は，試行を多数回繰り返した時に得られる平均値であって，1 回の試行で確実にその値が得られることを意味しない．期待値はゲームの損得や有利な戦術選択に役立ち，極めて実利的なものである．

　表 8-1b を一般化し，賞金を X と書いて x_1, x_2, $\cdots$, x_n の値を取るとし，確率を P と書いて p_1, p_2, $\cdots$, p_n の値を取るとしたものが **表 8-2** である．この場合の期待値を E と書くと，

$$E = x_1 p_1 + x_2 p_2 + \cdots + x_n p_n = \sum_{i=1}^{n} x_i p_i \tag{8.4a}$$

(8.1c) と見比べることにより，期待値は重みとして確率を用いた加重平均であ

ることが分かる．

> **例題 8-3**　友人が，
>
> 　　「さいころを振って出た目の 100 倍の金額を与える
>
> 　　ただし参加費はさいころを 1 回振る毎に 400 円」
>
> というギャンブルを提案してきた．この提案に乗るべきであろうか？

［解］

　期待値と参加費 400 円を比較すればよい．出る目の数とそれに対して貰える金額，およびその確率を表に示す．

目の数	1	2	3	4	5	6
賞金（円）	100	200	300	400	500	600
確率	$\frac{1}{6}$	$\frac{1}{6}$	$\frac{1}{6}$	$\frac{1}{6}$	$\frac{1}{6}$	$\frac{1}{6}$

　このゲームの 1 回あたりの期待値 E は，式 (8.4a) より

$$E = 100 \times \frac{1}{6} + 200 \times \frac{1}{6} + 300 \times \frac{1}{6} + 400 \times \frac{1}{6} + 500 \times \frac{1}{6} + 600 \times \frac{1}{6}$$

$$= 350 \ （円）$$

これは参加費 400 円より 50 円低い．このギャンブルは，1 回さいころを振るたびに平均して 50 円損を重ねていくわけであるから，参加を断るべきである．

コラム 8-3　色々な平均

> 　各種の平均をまとめておこう．
>
> 　算術平均には単純平均と加重平均があるが，加重平均のうち，確率で重み付けするものが期待値である．
>
> 　幾何（相乗）平均は，平均成長率や図形の面積・体積に関連した平均である（第 5 章 5.3 節）．
>
> 　調和平均は，速度の平均を計算する際必要となる．
>
> 　下に，各種の平均の関係を示す．

$$\text{平均}\begin{cases}\text{算術平均（相加平均）}\begin{cases}\text{単純平均}\\\text{加重平均}\begin{cases}\text{加重平均}\\\text{期待値}\end{cases}\end{cases}\\\text{幾何平均（相乗平均）}\\\text{調和平均}\end{cases}$$

コラム 8-4　　ギャンブルで勝てない理由

　一般に，ギャンブルにおいて

　　　　　期待値＜１回当たりの掛け金（くじ１本の料金等）

なら確実に負ける．

　負けを取り返そうとして金をつぎ込めばつぎ込むほど損が増えていく．くじ等は，「買わないと当たらない」のであるが，買えば買うほど損をするのである．

　一般に，販売されるくじでは，１本あたりの期待値はくじの販売価格より低く，くじをたくさん買えば買うほど損失が増大する．これは，くじの主催者が利益を確保した残りをくじの購入者に分配する仕組みになっているからである．くじに限らず，多くのギャンブルは同様の仕組みになっている．

8.3　データの相関

┃ データの相関関係と散布図・相関係数について学ぶ.

8.3.1　散布図と相関関係

　n 個のデータの組 (x_1, y_1), (x_2, y_2), $\cdots$, (x_n, y_n) があるとき，２つの変量を縦軸・横軸にとってデータ点を座標平面上に図示したものを散布図という．散布図を描くことにより，２つの変量の相関を視覚的に表すことができる．

例題 8-4　表 6-1 の身長と体重のデータを散布図に示せ.

表 6-1（再掲）

身長（cm）	171	170	175	163	167	167	159	165	181	168	176	173
体重（kg）	67	69	59	48	60	55	55	54	70	57	64	62

［略解］
Excel の場合，ワークシートのデータのある範囲の任意のセルにセルポインタを置き，挿入タブから「散布図」を選択することで，下の散布図を得る．

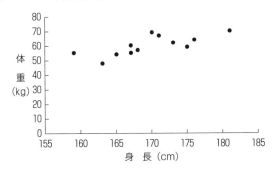

　片方の変量が増加するときもう片方の変量も増加するなら，２つの変量は正の相関があるという．片方の変量が増加するときもう片方の変量が減少するなら，２つの変量は負の相関があるという．片方の変量が増加してももう片方の変量に増加・減少の傾向が見られないなら，２つの変量には相関がないという．上の例題の図からは，身長と体重には正の相関があるとみることができる．

　相関の正負にかかわらず，データがある直線の近傍に集中していれば相関が強いといい，そうでなければ相関が弱いという．

8.3.2　相関係数

　相関の正負や強さを表す指標として相関係数がある．相関係数 r は次式で定義される．

$$r = \frac{(x_1 - \overline{x})(y_1 - \overline{y}) + \cdots + (x_n - \overline{x})(y_n - \overline{y})}{\sqrt{(x_1 - \overline{x})^2 \cdots (x_n - \overline{x})^2}\sqrt{(y_1 - \overline{y})^2 \cdots (y_n - \overline{y})^2}} \tag{8.5a}$$

ここで，$\overline{x}$ は $x_1, \cdots, x_n$ の平均値，$\overline{y}$ は $y_1, \cdots, y_n$ の平均値である．

$$\sigma_{xy} = \frac{(x_1 - \overline{x})(y_1 - \overline{y}) + \cdots + (x_n - \overline{x})(y_n - \overline{y})}{n} \tag{8.6}$$

を共分散という．また，

$$\sigma_x = \sqrt{\frac{(x_1 - \overline{x})^2 + \cdots + (x_n - \overline{x})^2}{n}}$$

$$\sigma_y = \sqrt{\frac{(y_1 - \overline{y})^2 + \cdots + (y_n - \overline{y})^2}{n}}$$

はデータ x, y の標準偏差である．従って相関係数 (8.5a) は次のように書くこともできる．

$$r = \frac{\sigma_{xy}}{\sigma_x \sigma_y} \tag{8.5b}$$

相関係数は $-1 \leq r \leq 1$ の無次元量である．「r」が 1 に近いほど相関が強いことを意味する．Excel で相関係数を求める関数は CORREL 関数である．CORREL 関数は統計関数に分類されている．書式は以下である．

CORREL (配列 1 , 配列 2)

相関係数の 2 乗を決定係数という．

例題 8-5　例題 8-4 で示されたデータについて，身長と体重の相関係数を，Excel の CORREL 関数を用いて求めよ．

［略解］

Excel で CORREL 関数を呼び出し，関数ダイアログボックスで図のように範囲指定する．これにより，相関係数が 0.74351… と求められる．

相関係数の絶対値が 0 に近いからといって，2 つの変数に相関がないとは言えない場合がある．次の例題でその例を示そう．

例題 8-6　図1で示された二つの変数 x, y について，相関係数を求めよ，また散布図を描け．

▲	A	B	C	D	E	F	G	H
1	x	-3	-2	-1	0	1	2	3
2	y	9	4	1	0	1	4	9

図1

[略解]

相関係数は 0 である．

散布図を図2に示す．

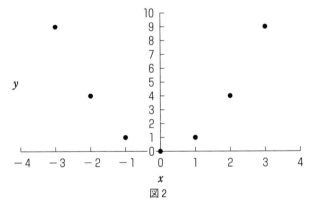

図2

　例題 8-6 の 2 つの変数の相関係数は 0 であるが，図2から分かるように，2つの変数 x, y には明らかに相関がある．実は例題 8-6 図1 のデータは，$y = x^2$ によって生成されたものである．このように，2 つの変数 x, y が一次関数以外の関数関係がある場合，相関係数は相関関係を示すことができない場合がある．また，散布図や相関係数では相関関係があるようにみえても，因果関係は認められない場合もある．

　相関係数は，2 つの変数がある直線の近傍に分布する程度の強さを表すものであるから，変数変換を行うことによって 2 つの変数の関係を直線関係にすることができる場合もある．

コラム 8-5　クロス集計

　アンケート調査において，ある設問に関する集計を，別の設問の選択肢回答（例えば回答者の性別）毎に行う場合がある．このような集計法をクロス集計といい，データの相関を調べる手法の1つである．クロス集計は Excel ではピボットテーブル機能を用いて簡単に行うことができる（具体的な操作法は，拙著「Excel で学ぶ社会科学系の基礎数学（第二版）」2.5 節等を参照されたい）．

8.4　度数分布とヒストグラム

｜ 度数分布とヒストグラムは，データの分布を表す．

　度数分布は，データをいくつかの階級に分けたとき，階級と階級毎の度数との対応関係のことで，通常は表形式（度数分布表）で表す．階級の個数を階級数という．

　表8-3 に，あるクラスの女子 34 名の身長の度数分布表を示す．表8-3 では，度数は人数を表す．階級の単位は cm である．

　相対度数は，各階級の度数をデータ総数で割ったものである．階級と相対度数の対応関係が相対度数分布である．相対度数分布を利用すると，標本数の異なる集団同士の比較が容易になる．表8-3 には，相対度数も示されている．定義により，相対度数の総和は1であり，相対度数は各階級の実現確率とみなせる．

　Excel の「ピボットテーブル」機能を利用すると，データから度数分布表を簡単に作成することができる．

　度数分布において，階級の取り方には任意性がある．階級の幅は狭すぎても広すぎても（または，階級数が多すぎても少なすぎても）集団の性質が分からなくなる．データ数 n に対する階級数 k については，スタージェスの公式が参考になる．これは，次の式で表される．

$$k \approx 1 + \log_2 n \tag{8.7}$$

表8-4 に，式(8.7)から求められる階級数 k を示す．

　ヒストグラムは，度数分布（または相対度数分布）を柱状グラフで表したもの

222

身長階級	度数	相対度数
145-149	2	0.0588
149-153	5	0.1471
153-157	8	0.2353
157-161	14	0.4118
161-165	4	0.1176
165-169	1	0.0294
総計	34	1

表 8-3

n	k
30	5.9
60	6.9
100	7.6
300	9.2
500	10.0
1000	11.0

表 8-4

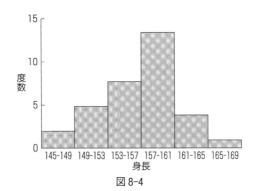

図 8-4

である．**表 8-3** に示された度数分布のヒストグラムを**図 8-4** に示す．

　ヒストグラムは Excel では棒グラフを用いて描くことができる．また，ピボットテーブルで度数分布表を作成した場合はピボットグラフアイコン（図 8-5a）をクリックすることでも描くことができる．ただし，通常の棒グラフとは異なり，階級が身長のように連続データを表す場合は隣り合う棒同士の間隔は空けない．棒の間隔を 0 にする手順は以下である．

　Excel で棒グラフを描いた後，棒のどれかを右クリックして「データ系列の書式設定」を呼び出す．図 8-5b のように，「要素の間隔」を 0 ％とする．

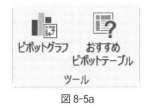

図 8-5a

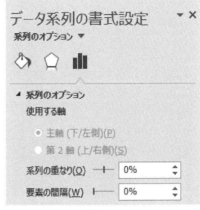

図 8-5b

8.5　確率変数と確率分布

> 変数 X の値に対してそれぞれ確率が決まっている場合，X を確率変数といい，確率変数と確率との対応を確率分布という．度数分布が現実のデータの分布を表すのに対し，確率分布は理想的な分布を表す．

　前節で学んだ度数分布は現実のデータの分布であり，理論的に期待される分布ではない．それに対して，この節で学ぶ確率分布は理論的（理想的）な分布である．ただし，相対度数分布は階級値とその実現確率の分布と見なせるので，相対度数分布を確率分布と対応づけて考えると理解し易いであろう．

　最初に，ごく簡単な例を考えよう．さいころを 1 回振る場合，1 の目が出る数を X とする．X は 0 または 1 であり，それぞれ確率は $\dfrac{5}{6}$，$\dfrac{1}{6}$ である．これを表にすると，**表 8-5** のようになる．

　表 8-5 のように，変数 X の値に対してそれぞれ確率が決まっている場合，X を確率変数といい，確率変数と確率との対応関係を確率分布（または単に分布）という．

表8-5		
X	0	1
P	$\dfrac{5}{6}$	$\dfrac{1}{6}$

表8-6		
$(X-\mu)^2$	$\left(0-\dfrac{1}{6}\right)^2$	$\left(1-\dfrac{1}{6}\right)^2$
P	$\dfrac{5}{6}$	$\dfrac{5}{6}$

表8-2（再掲）				
X	x_1	x_2	$\cdots$	x_n
P	p_1	p_2	$\cdots$	p_n

[問題 8-3] 次の確率分布を表の形で書け.

(1) さいころを1回振る場合, 1または2の目が出る数を確率変数Xとする.

(2) コインを1回投げる場合, 表が出る回数を確率変数Xとする.

表8-5 の確率分布において, 確率変数Xの期待値を求めよう. 期待値をμと書くと,

$$\mu = 0 \times \frac{5}{6} + 1 \times \frac{1}{6} = \frac{1}{6}$$

期待値は単に平均ともいう. なお, 確率変数Xの期待値は$\overline{X}$や$E(X)$とも書く.

表8-5 のXが確率変数ならX^2も確率変数であり, $(X-\mu)^2$もまた確率変数である. $(X-\mu)^2$の確率分布は, 表8-5 でXを$(X-\mu)^2$に置き換えることにより, 表8-6 のようになる.

確率変数$(X-\mu)^2$の期待値, すなわち分散をσ^2と書く. なお, これは$V(X)$と書くことも多い. 表8-6 の確率分布の場合, 分散は次のように求められる.

$$\sigma^2 = V(X) = \left(0-\frac{1}{6}\right)^2 \times \frac{5}{6} + \left(1-\frac{1}{6}\right)^2 \times \frac{1}{6} = \frac{5}{36}$$

一般に, 確率変数Xの値 x_1, x_2, $\cdots$, x_n に対してそれぞれ確率 p_1, p_2, $\cdots$, p_n が対応している場合, 確率分布を表で書くと表8-2 のようになる. 確率分布はまた, グラフや式でも表せる.

確率分布が表8-2 で与えられる場合, 確率変数Xの期待値μは,

$$\mu = E(X) = x_1 p_1 + x_2 p_2 + \cdots + x_n p_n = \sum_{i=1}^{n} x_i p_i \tag{8.4b}$$

と表される. 全ての事象に対する確率を足し合わせると 1 であるから, 式

(8.4b)の制約条件は以下である.

$$\sum_{i=1}^{n} p_i = p_1 + p_2 + \cdots + p_n = 1 \tag{8.8}$$

式(8.4b)は,確率分布が与えられたときに,任意の確率変数の期待値（平均）を与えるものである.

例えば確率変数 X^2 の期待値は,

$$E(X^2) = x_1{}^2 p_1 + x_2{}^2 p_2 + \cdots + x_n{}^2 p_n = \sum_{i=1}^{n} x_i{}^2 p_i$$

確率変数 $(X-\mu)^2$ の期待値,すなわち分散は,

$$\begin{aligned}\sigma^2 = V(X) &= E((X-\mu)^2) \\ &= (x_1-\mu)^2 p_1 + (x_2-\mu)^2 p_2 + \cdots + (x_n-\mu)^2 p_n \\ &= \sum_{i=1}^{n} (x_i-\mu)^2 p_i \end{aligned} \tag{8.9}$$

例題 8-7 さいころ2個を同時に振る場合,1の目が出る数を X とする.X の確率分布を求め,X の平均および分散を計算せよ.

[解]

2つのさいころの目の出方は,

(1, 1),(1, 1以外),(1以外, 1),(1以外, 1以外)

の4通りで,$X=2, 1, 1, 0$ にそれぞれ対応している.確率はそれぞれ次のようになる.

$$\frac{1}{6} \times \frac{1}{6},\ \ \frac{1}{6} \times \frac{5}{6},\ \ \frac{5}{6} \times \frac{1}{6},\ \ \frac{5}{6} \times \frac{5}{6}$$

よって確率分布は表のようになる.

X	0	1	2
P	$\left(\frac{5}{6}\right)^2$	$2 \cdot \frac{1}{6} \cdot \frac{5}{6}$	$\left(\frac{1}{6}\right)^2$

これによって，Xの平均および分散は次のように求められる．

$$\mu = E(X) = 0 \times \left(\frac{5}{6}\right)^2 + 1 \times 2 \cdot \frac{1}{6} \cdot \frac{5}{6} + 2 \times \left(\frac{1}{6}\right)^2 = \frac{10+2}{36} = \frac{1}{3}$$

$$\sigma^2 = V(X)$$
$$= \left(0 - \frac{1}{3}\right)^2 \times \left(\frac{5}{6}\right)^2 + \left(1 - \frac{1}{3}\right)^2 \times 2 \cdot \frac{1}{6} \cdot \frac{5}{6} + \left(2 - \frac{1}{3}\right)^2 \times \left(\frac{1}{6}\right)^2$$
$$= \frac{5}{18}$$

確率変数Xがある値aを取る確率を，$P(X=a)$ あるいは $P(a)$ のように記す．また，確率変数Xがある値a以下である確率を，$P(X \leq a)$ のように記す．例題8-7の場合，$X=0$ の確率と $X \leq 1$ の確率はそれぞれ次のように表される．

$$P(X=0) = \left(\frac{5}{6}\right)^2$$

$$P(X \leq 1) = \left(\frac{5}{6}\right)^2 + 2 \cdot \frac{1}{6} \cdot \frac{5}{6} = \frac{35}{36}$$

問題8-4 例題8-7の確率分布において次の確率を求めよ．

(1) $P(X=2)$ (2) $P(X \geq 1)$

問題8-5 コインを2枚同時に投げて表の出る枚数をXとしたときの確率分布を求め，確率変数Xの期待値と分散を計算せよ．

問題8-6 コインを3枚同時に投げて表の出る枚数をXとしたときの確率分布を求め，確率変数Xの期待値と分散を計算せよ．

8.6 二 項 分 布

二項分布とは，ある確率で起こる事象をn回繰り返したとき，この事象が起こる回数Xの確率分布である．二項分布は試行回数nが大きくなると正規分布となる．

さいころ3個を同時に振る場合，1の目が出る数Xの確率分布を求めてみよう．

3つのさいころ A，B，C の目の出方は，3つの場所 (A，B，C) において，それぞれ1か1以外かを選択すると考えて，$2^3=8$ 通りある．

3個とも1以外の目が出る確率は $\left(\dfrac{5}{6}\right)^3$ で，$X=0$ は (1以外，1以外，1以外) の1通り．

1個だけ1の目が出る確率は，$\dfrac{1}{6}\cdot\left(\dfrac{5}{6}\right)^2$ で，$X=1$ は，3つの場所のどの1つを1にするかであるから $_3C_1=3$ 通り．

2個だけ1の目が出る確率は，$\left(\dfrac{1}{6}\right)^2\cdot\dfrac{5}{6}$ で，$X=2$ は，3つの場所のどの2つを1にするかであるから $_3C_2=3$ 通り．

3個とも1の目が出る確率は $\left(\dfrac{1}{6}\right)^3$ で，$X=3$ は (1，1，1) の一通り．

以上によって，確率分布は表8-7のようになる．なお，$_nC_0=_nC_n=1$ を用いた．

表8-7

X	0	1	2	3
P	$_3C_0\left(\dfrac{5}{6}\right)^3$	$_3C_1\left(\dfrac{1}{6}\right)\left(\dfrac{5}{6}\right)^2$	$_3C_2\left(\dfrac{1}{6}\right)^2\left(\dfrac{5}{6}\right)$	$_3C_3\left(\dfrac{1}{6}\right)^3$

問題 8-7　表8-7の確率分布において，確率変数Xの平均と分散を求めよ．

表 8-8

X	0	1	$\cdots$	x	$\cdots$	n
P	$_nC_0q^n$	$_nC_1pq^{n-1}$	$\cdots$	$_nC_xp^xq^{n-x}$	$\cdots$	$_nC_np^n$

表 8-7 の確率分布で，$p=\dfrac{1}{6}$，$q=1-p\left(=\dfrac{5}{6}\right)$ と書くことにし，さいころの個数を n 個とした場合，1 の目が出る数 X の確率分布は表 8-8 のようになる．

n 個のさいころを同時に振ることを，1 個のさいころを n 回繰り返し振ることとしても確率分布は変わらない．そこで，ある事象 A が起こる確率が p（起こらない確率が $q=1-p$）であるときこれを n 回繰り返し，事象 A が起こった回数を X とした確率分布を考え，これを二項分布（binomial distribution）という．二項分布は $B(n, p)$ と書く．また，$_nC_x$ を二項係数という．二項係数は，$(p+q)^n$ を展開したときの p，q の係数である．即ち，

$$(p+q)^n=\ _nC_0p^n+\ _nC_1p^{n-1}q+\cdots+\ _nC_nq^n \tag{8.10}$$

上式を二項定理という．$n=2, 3$ の場合が 1.3 節で示した展開公式である．

確率分布は，確率変数 X の可能な全ての値 $x_1, x_2, \cdots, x, \cdots, x_n$ に対してそれぞれ確率 $p_1, p_2, \cdots, p, \cdots, p_n$ が与えられていれば決定できる．そこで，確率を $P(x)$ と書くことにして，これを確率関数と呼ぶ．

表 8-8 より，二項分布の確率関数 $P(x)$ は，次の式で表される．

$$P(x)=\ _nC_xp^xq^{n-x} \tag{8.11}$$

例題 8-7 および表 8-7 の確率分布は，上式で $p=\dfrac{5}{6}$，$q=\dfrac{1}{6}$ とし，$n=2, 3$ としたものである．

問題 8-8 正四面体のさいころの各面に 1～4 の整数が書いてある．このさいころを 4 回振って 1 の目が出る回数を X とするとき，X の確率分布および平均 μ・分散 σ^2 を求めよ．

二項分布 $B(n, p)$ には，平均と分散について次の簡単な関係がある．

$$\mu = np \tag{8.12}$$
$$\sigma^2 = npq \tag{8.13}$$

これを**表 8-5**の確率分布の場合に確認してみよう.

表 8-5 は $n=1$, $p=\dfrac{1}{6}$ の二項分布 $B\left(1, \dfrac{1}{6}\right)$ で, $\mu=\dfrac{1}{6}$, $\sigma^2=\dfrac{5}{36}$ であったが, 式(8.12), (8.13)を計算してみると, 以下のように確かに一致する.

$$np = 1 \times \frac{1}{6} = \frac{1}{6}$$
$$npq = 1 \times \frac{1}{6} \times \left(1 - \frac{1}{6}\right) = \frac{5}{36}$$

【演習 8-3】 例題 8-7 の確率分布において, 式(8.12), (8.13)が成り立っていることを確認せよ.

Excel では, 二項分布の確率は BINOM.DIST 関数で求められる. BINOM.DIST 関数は統計関数に分類されている. 書式は以下である.

BINOM.DIST(X, n, p, 0)

以下に BINOM.DIST 関数の利用例を示す.

コインを 4 回投げて表の出る枚数を X としたときの確率分布を BINOM.DIST 関数で求めるには, $n=4$, $p=0.5$ として, $X=0, 1, 2, 3, 4$ の関数値を求めればよい. **図 8-6** のように n, p, X を入力し, セル B6 に

＝BINOM.DIST(B5, \$C\$2, \$C\$3, 0)

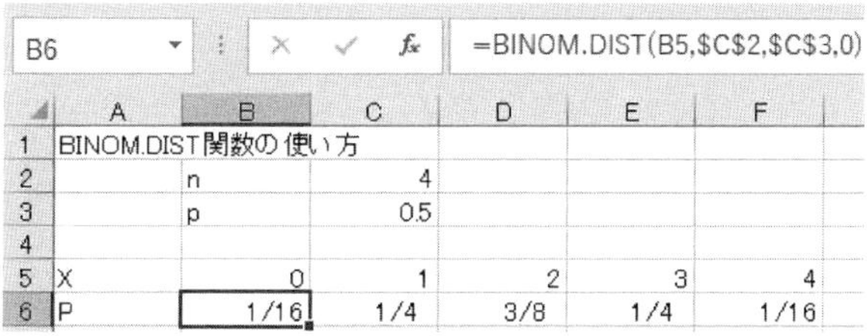

図 8-6

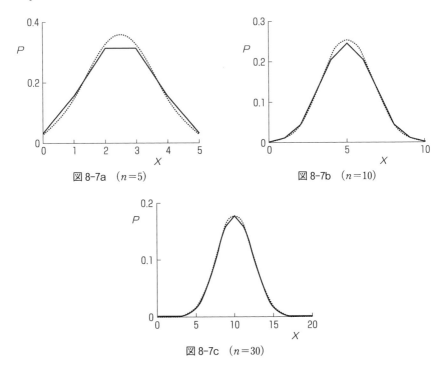

図 8-7a （$n=5$）

図 8-7b （$n=10$）

図 8-7c （$n=30$）

と入力すればよい.

　二項分布において $p=\dfrac{1}{2}$ とし，$n=5$, 10, 30 とした場合の確率分布を図 8-7a, b, c の実線に示す．n は自然数なので，P は本来離散的な値であり，棒グラフで表すべきであるが，点線で示した曲線との比較のために折れ線グラフにしてある.

　点線で示した曲線は正規分布を表す．正規分布については次節で学ぶ.

　n が増加するにつれ，二項分布のピークが鋭くなっていき，正規分布に近づいていくのが分かる．$n=30$ では，二項分布は正規分布とほぼ一致している．すなわち，二項分布は n が十分大きくなると x は連続変数とみなすことができ，正規分布となる．なお，図 8-7a, b, c において正規分布曲線を描くにあたって，平均と標準偏差は，正規分布と二項分布で共通であるとして数値計算している.

8.7　正 規 分 布

正規分布（ガウス分布ともいう）は，様々な分野におけるデータに広く現れる分布であり，統計学における最も重要な分布である．この節では，度数分布との対応から正規分布を直観的に説明し，次いで正規分布の性質について基本的な事柄を述べる．

　成人男子（または女子）の身長を調べ，度数分布のヒストグラムを描くことを考えよう．図 8-8a〜d に，調査対象の人数 n を 10 人（図 8-8a），100 人（図 8-8b），1000 人（図 8-8c），10000 人（図 8-8d）とした場合の相対度数分布のヒストグラムを示した．標本数 n を大きくしていくと，グラフは平均値に関して対称な釣り鐘型になっていくことが分かる（なお，このグラフは現実のデータではなく Excel で擬似乱数を発生させて作成したものであるが，現実のデータでも同様の結果が得られる）．図 8-8a〜d の図形は図形の面積の和は 1 である（∵相対度数の和＝1）．またこれは，式(8.8)に対応している．

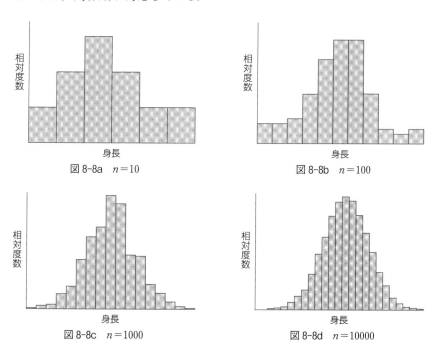

図 8-8a　$n=10$

図 8-8b　$n=100$

図 8-8c　$n=1000$

図 8-8d　$n=10000$

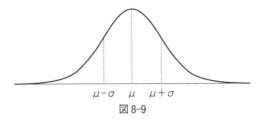

図 8-9

標本数 n を無限大にすると，グラフは滑らかな曲線（**図 8-9**）となる．この分布を正規分布（Normal distribution）という．正規分布はガウス分布とも言う．正規分布曲線と x 軸で挟まれた図形の面積は 1 である．工業製品の大きさ・質量や測定誤差等非常に幅広い分野でデータが正規分布することが知られている．

図 8-9 の正規分布曲線を与える関数 $f(x)$ は，次式で与えられる．

$$f(x)=\frac{1}{\sqrt{2\pi}\,\sigma}\exp\left[-\frac{(x-\mu)^2}{2\sigma^2}\right] \tag{8.14}$$

ここで，x は連続的確率変数である．指数関数の肩が複雑なので，e^x の記法ではなく $\exp(x)$ の記法を用いた．$\dfrac{1}{\sqrt{2\pi}\,\sigma}$ は，$y=f(x)$ と x 軸に囲まれた図形の面積を 1 とするための定数である（式(6.38b)参照）．

式(8.14)において，$f(\mu+x)=f(\mu-x)$ であるから $y=f(x)$ は $x=\mu$ に関して対称である．この対称性から，パラメータ μ が分布の平均を与えることが直観的に分かる．σ は山の幅を決めるパラメータであり，分布の標準偏差である．第 6 章例題 6-16 で調べたように，$y=f(x)$ は $x=\mu$ で極大，$x=\mu\pm\sigma$ で変曲点となっている．

正規分布の主要な性質を以下に示す．

(1) 平均 μ の周りに左右対称に分布した釣り鐘型．

(2) 標準偏差 σ が釣り鐘の幅を決め，$x=\mu\pm\sigma$ が曲線の変曲点になっている（例題 6-16 参照）．

(3) 平均 μ から $\pm\sigma$ の幅で囲まれた部分の面積は全体の約 68 %．

(4) 平均 μ から $\pm2\sigma$ の幅で囲まれた部分の面積は全体の約 95 %．

式(8.14)は正規分布の確率密度関数と呼ばれる．確率変数が離散的な場合，確率関数（例えば二項分布の確率関数(8.11)）が与えられるが，連続変数の場合は

これが確率密度関数となる.

　確率「密度」の意味を簡単に説明しておこう. 次の段落でまず $f(x)$ は確率そのものではなく $f(x)$ に x の微少な幅を掛けたものが確率であることを説明し, その次の段落で密度について説明する.

　式(8.14)の正規分布曲線 $y=f(x)$ と x 軸に囲まれた図形の面積を求める際は, 関数値 $f(x)$ と x の微少な幅 Δx を掛け合わせた長方形の面積 $f(x)\Delta x$ を足し合わせる. 式(8.8)（$\Sigma p_i=1$）に対応して, $\Sigma f(x)\Delta x=1$ である. $f(x)\Delta x$ が確率であるから, $f(x)$ は確率そのものではなく, x の単位「長さ」あたりの確率である. 次の段落で, 一般に, 単位長さあたりの量は密度であることを説明する.

　密度は, 単位体積・面積・長さあたりのある量の割合である. 例えば, 人口密度は単位面積当たりの人間の個体数である. 針金等の単位長さあたりの質量は線密度と呼ばれる. $f(x)$ は, 確率 $f(x)\Delta x$ を確率変数の幅（「長さ」）Δx で割ったものであるから, 確率「密度」なのである.

　前節の最後に, 二項分布 $B(n, p)$ は n を十分大きくすると正規分布となることを示した. その際, 図 8-7a, b, c の点線で示した曲線は, 式(8.14)を計算したものである.

　式(8.14)において $\mu=0$, $\sigma=1, 2$ としたグラフを図 8-10a, b に示す. σ を大きくすると幅が広がっていく. つまり, パラメータ σ は正規分布曲線の山の幅を決めていることが確認できる.

　統計上の関心は, データの値そのものより, データの平均値 μ からのずれにある場合が多い. そこで, x を μ だけ平行移動し, さらにスケールを σ によって調整する変換

$$z=\frac{x-\mu}{\sigma} \tag{8.15}$$

を考える. 式(8.15)の分子は, この変換によって平均を 0 にすることを示している. 観測値 x は長さ・面積等の次元を持つが, σ は x と同じ次元を持つので, この変換によって, z は無次元量となる. 式(8.15)に対応する確率変数を Z とすると,

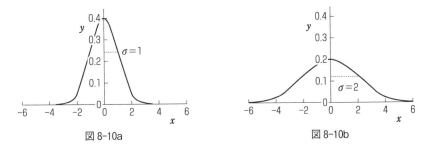

図 8-10a   図 8-10b

$$Z = \frac{X - \mu}{\sigma} \tag{8.16}$$

の従う確率密度関数は,

$$f(z) = \frac{1}{\sqrt{2\pi}} e^{-\frac{z^2}{2}} \tag{8.17}$$

となる. これは式(8.14)において $\mu = 0$, $\sigma = 1$ と置いたものに相当する. 正規分布を $N(\mu, \sigma)$ で表すとき, 標準正規分布は $N(0, 1)$ と表される.

コラム 8-6　偏 差 値

　式(8.15)と似た変数変換を行っているものとして偏差値がある. 偏差値は調整得点の一種で, 個人の試験等の得点が平均よりどれくらい上または下にあるかを示す指標である. 偏差値を用いることにより, 異なった条件での得点の比較が可能になる.

　受験者全体の平均点を μ, 標準偏差を σ とすると, ある受験者の得点 (素点) x に対する偏差値 z は,

$$z = \frac{x - \mu}{\frac{1}{10}\sigma} + 50$$

で与えられる. これは, 素点 x が平均値 μ と等しい場合, $x = \mu$ に対する偏差値を 50 とし, x が平均より標準偏差分だけ高い (または低い) 場合は 50 点に対して 10 点プラス (またはマイナス) するようスケール調整したものである.

　知能指数 (IQ) は同一年齢集団の平均値を 100 とし, 標準偏差を (一般的には) 15 とした偏差値で表される.

コラム 8-7　入試偏差値に対する誤解

　入試の偏差値は，一般入試合格者が受験前に受けた模試の偏差値の平均値である（推薦入試合格者の偏差値は入試の偏差値には反映されない）．

　同一人物の偏差値であっても，模試を受験した母集団の性質によって値は異なる．例えば，模試を進学校の生徒が学校で集団受験した場合，その模試の校内偏差値が 50 であっても，全国での偏差値が 60 となる可能性がある．また，小学校のクラスで成績がトップレベルの児童が中学校入試での偏差値が 40 ともなりうる（中学校入試を受験する児童の多くは，小学校の成績上位者であることが多いため）．

　高校進学率は 100 ％に近いため，高校入試の偏差値は同学年の生徒全体の中での成績順位の目安と考えることができる．一方，大学進学率は 5 割程度であり，さらにそのうちの何割かは推薦入試で進学する．非常に荒っぽく言えば，大学入試における一般入試受験の母集団は，高校入試で偏差値 50 以上の高校生である．従って，高校入試の偏差値と大学入試の偏差値は対応しない．

　例えば，偏差値 60 の高校の成績中位者は大学入試では偏差値 50 程度，偏差値 50 の高校の成績中位者は大学入試では偏差値 40 程度となる可能性がある（図）．

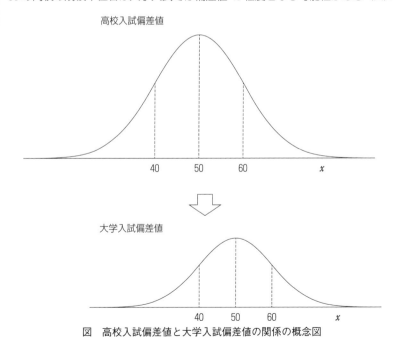

図　高校入試偏差値と大学入試偏差値の関係の概念図

つまり，入試偏差値 50 の高校の平均的な生徒が入試偏差値 50 の大学に合格するのはかなりの努力が必要ということである．

　なお，受験科目が多い国公立大学の入試偏差値と，受験科目が 3 科目のみの私立大学の入試偏差値とを比較するのは意味がない．

　Excel では，正規分布の確率密度関数は NORM.DIST 関数で求められる．書式は以下である．

$$\text{NORM.DIST}(x, \text{平均}\mu, \text{標準偏差}\sigma, 0)$$

NORM.DIST 関数は統計関数に分類されている．特に標準正規分布の場合は，

$$\text{NORM.DIST}(x, 0, 1, 0)$$

である．

　Excel を用いて平均 10，標準偏差 2 の正規分布の確率密度関数の確率分布を作成しよう．Excel のワークシートに図 8-11 のようにパラメータ μ，σ と変数 x を入力しておく．ここで，x の全ての値を図 8-11 には示していない．$x=3$ に対する関数値を求めるにはセル B6 に次のように入力すればよい．

　　　　"=NORM.DIST(A6,\$B\$2,\$B\$3,0)"

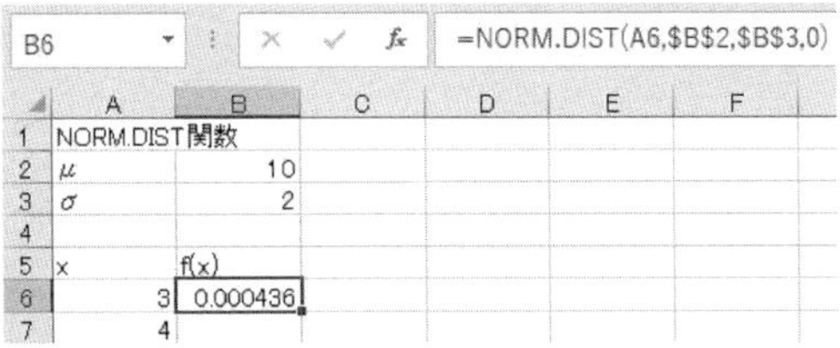

図 8-11

【演習 8-4】　NORM.DIST 関数を使って，次の正規分布の確率密度関数の数表を作成し，グラフを描け．

(1)　$\mu=10$，$\sigma=2$

(2)　$\mu=0$，$\sigma=1$（標準正規分布）

8.8　母集団と標本

> 信頼性のある社会調査を行うためには，対象者を無作為に抽出することが必要である．無作為抽出を行うには乱数が使われる．

　ある社会集団を対象とした調査を行うとき，その構成員全員を対象にした調査が理想である．しかし，対象者が膨大な数になる場合，調査費用も集計時間も膨大なものになる．さらに，集計に膨大な時間がかかると，現実に機敏に対応するためのデータ提供が難しくなる．そのため，対象者の一部を抽出したサンプル（標本）調査が必要になる．このとき，知りたい対象全体を母集団，母集団の一部で調査対象になった集団を標本という．母集団の平均・分散を母平均・母分散，標本の平均・分散を標本平均・標本分散という．母平均，母分散を μ，σ^2 と書き，標本平均，標本分散を $\bar{x}$，v^2 と書くことにしよう．標本数を n とすると，

$$\bar{x} = \frac{1}{n} \sum_{i=1}^{n} x_i$$

$$v^2 = \frac{1}{n} \sum_{i=1}^{n} (x_i - \bar{x})^2$$

　母集団が非常に大きいとき，母平均・母分散を知ることは簡単ではない（または不可能）．母集団から標本を取り出して行う調査を標本調査といい，母集団全体の調査を全数調査という．国勢調査は全数調査の例である．

　一般に，母平均・母分散と標本平均・標本分散は異なる．例えば，コインを投げて表が出る確率は，理論的には $\frac{1}{2}$ である．しかしコインを n 回投げて表が k 回出る確率 $p = \frac{k}{n}$ は必ずしも $\frac{1}{2}$ とはならない．しかし試行回数 n を大きくしていくと，p は限りなく理論値に近づいていく．これを大数（たいすう）の法則という．同様に，標本のサンプル数が大きくなると，

$$\lim_{n \to \infty} \bar{x} = \mu \tag{8.18}$$

$$\lim_{n \to \infty} v^2 = \sigma^2 \tag{8.19}$$

となる．すなわち，標本数が大きくなると標本平均は母平均に，標本分散は母分散に限りなく近づく．式(8.18)，(8.19)は大数の法則の例である．

　集団全体の傾向を，その一部を対象にした調査によって推測しようとするとき，標本（調査対象者）の抽出方法が重要である．標本が全体を正確に反映するためには，標本に年齢・性別・地域・職業・収入・嗜好等の属性の偏りがあってはならない．そのため，母集団のリストの中から無作為（ランダム）に標本を抽出する．これを無作為抽出という．

　無作為抽出を行うことで母集団の分布を反映した標本を得ることができ，この結果，標本調査によって母集団を推測することが可能になる．逆に，無作為抽出ではない標本によって得られた結果からは全体を正しく推測することはできない．なお，無作為抽出による標本であっても，標本数が少ない場合は標本の個性が現れるため，標本数は一定数以上が必要である．

　実際に無作為抽出を行うためには，母集団のリストから乱数によって標本を選び出す．乱数は規則性のない数の並びで，例えばさいころを振って出た目の列や無理数に現れる数字列などが乱数である．

　擬似乱数は完全な乱数ではないが，コンピュータで手軽に生成できるのでよく用いられる．Excel で擬似乱数を発生させる関数として，RAND 関数とRANDBETWEEN 関数がある．いずれも数学関数に分類されている．

　RAND 関数は 0 から 1 までの擬似乱数を発生させる．RAND 関数には引数はない．

　RANDBETWEEN 関数は任意の区間における整数の擬似乱数を発生させる．書式は以下である．

　　　　　RANDBETWEEN(最小値，最大値)

【演習 8-5】　Excel で，0 から 10 までの擬似乱数を発生させよ．

8.9　統計的推定・統計的検定とは
｜ 推測統計は，一部から全体を推測するものである．

推測統計は，例えば次のような場合に使われる．

(a) サンプル数が少ないと誤差が大きそうだが，母集団の平均はどれくらいだと見積もればよいだろうか？

(b) ある集団のデータの平均値が全国平均より少し高いが，本当に全国平均と比べて高いと言ってよいだろうか？

(c) アンケート結果によると，男女の意識に少し差があるようだが，これは誤差の範囲内なのだろうか，それとも本当に性別による差があると言っていいのだろうか？

(a)は統計的推定によって見積もられる．(b), (c)は統計的検定によって主張の妥当性が検討される．

推測統計学は，一部（標本）から全体（母集団）を推測するものである．つまり，調査に科学性を持たせるために必要な手法である．

コラム 8-8 怪しい統計

> マスメディアでは毎年様々なダイエット法や健康法が紹介される．しかし，その方法が有効であるとの根拠を示しているものはどれくらいあるだろうか？ サンプルの人数は少なすぎないのか？ そのダイエット法・健康法を行わない群との比較対照実験は行ったのか？ 等々．
>
> 世論調査に基づく記事であっても，調査対象が無作為抽出ではなく偏りがあれば，その調査の信頼性は低い．もしもその記事が商品宣伝と結びついているなら，スポンサーに都合の良い調査対象を抽出している可能性もある．
>
> 私たちは統計学を学ぶことで，各種の怪しい統計に騙されない，真に科学的な物の見方ができるようになりたいものである．

付　　　録

A1　MS-Office の数式エディタ

MS-Office には数式エディタが備わっており，PowerPoint や Excel でも数式を入力・編集できる．ここでは，Word をベースとして数式エディタの利用法を記す．

A1.1　数式エディタの基本

MS-Word で数式を入力・編集する際は，数式エディタを利用する．挿入タブの「π数式」をクリックすると数式エディタが起動する（図 A1-1）．なお，表示画面の横幅が狭い場合，「π数式」が挿入メニューにはない場合がある．その場合は「記号と特殊文字」から「π数式」を選択する．

「変換」の「LaTeX」は，LaTeX 形式での変換の際利用する．

数式エディタのメニューは，「ツール」「記号と特殊文字」「構造」の 3 つに大別される．「構造」は，上付き文字や分数，連立方程式の入力等に利用する．

数式エディタ利用法の例として，"x^2" を入力する手順を以下に説明する．図 A1-2 のように，数式エディタの「構造」にある「上付き/下付き文字」テンプレートから，「上付き文字」を選択する．

上付き文字入力欄が現れたら，入力欄をマウスポインタまたは矢印キーで選択して，キーボードから "x"，"2" をそれぞれ入力する（ここで，文字入力は半角英数モードにしておく必要がある）．

数学で使われる数式はイタリック体で書く習慣なので，立体フォントを変更する場合は，入力した範囲を選択して「ホーム」タブの「フォント」からイタリックを選択する（図 A1-3）．ただし，"log"，"lim" や三角関数（"sin"，"cos" 等）はイタリック体にはしない習慣である．

図 A1-1　数式エディタメニュー画面

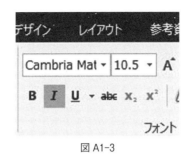

図 A1-2　　　　　　　　　　　　図 A1-3

　数式入力欄以外をマウスポインタでクリックすることにより，入力された数式が確定され，通常の入力モードに戻る.

　式を左揃えにするには，「ホーム」タブの「段落」で，左揃えとする. カーソルを，確定済の式の左端に置いて Tab キーを押せば，Tab 設定分のスペースが式の左端に空けられる.

　複数の構造テンプレートを組み合わせる必要がある数式の入力法の例を以下に 2 つ挙げて説明しておこう.

(1)　$\left(\dfrac{b}{a}\right)^2$ を入力するにはまず上付文字／下付文字テンプレートから上付文字を選択する (図 A1-2). $\dfrac{b}{a}$ を記入する入力欄を選択し，括弧テンプレートから丸括弧のペア "$\left(\ \ \right)$" を選択する (図 A1-4). 次に丸括弧の入力欄を選択し，分数テンプレートをクリックして分数記号を呼び出す (図 A1-5). これで 3 つの入力欄が設定されるので，それぞれに文字 b，a，2 をキーボードから入力すればよい.

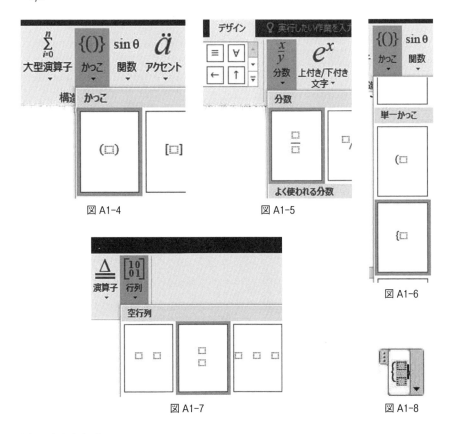

図 A1-4　　　　　　　　図 A1-5

図 A1-6

図 A1-7　　　　　　　　図 A1-8

(2)　連立方程式

$$\begin{cases} x+y=3 \\ x-y=1 \end{cases}$$

を入力するにはまず括弧テンプレートをクリックして単一カッコの波括弧
“{” を選択する（図 A1-6）. 次に波括弧の入力欄を選択し, 行列テンプレート
から, 2×1 空行列（入力欄が縦に 2 つ並んだもの）を選択する（図 A1-7）. これに
よって図 A1-8 のように, 2 行 1 列の入力欄が現れるので, それぞれに方程式
を入力すればよい.

　なお “{” を選択した後で第 1 式を入力し, Enter キーを押せば 2 番目の式
の入力欄が現れるので, この入力欄に第二式を入力してもよい.

【演習 A1-1】　第 1 章 1.4 節の式(1.3)〜(1.9)と 1.9 節の二次方程式の根
の公式(1.12)を数式エディタを用いて Word に入力せよ.

【演習 A1-2】　第 1 章問題 1-8〜1-12 を数式エディタを用いて Word に入
力せよ. また Word で計算過程と結果を記せ.

A1.2　微積分および線形代数記号等の入力

　微分記号の ′ は,「上付き/下付き文字」の「上付き文字」を利用する.

　積分記号は「構造」の「積分」から選択する.

　偏微分 $\dfrac{\partial f}{\partial x}$ は,「分数」を設定し,「記号と特殊文字」から「∂」を選択す
る.

　縦ベクトルは, 括弧テンプレートから丸括弧のペアを選択する (図 A1-4).
次に丸括弧の入力欄を選択し, 行列テンプレートから 2×1 空行列を選択する
(図 A1-7). ベクトルの要素数を増やすには, 入力欄を選択して右クリックで現
れるショートカットメニューから,「挿入」を選択し,「前の行を挿入」あるい
は「後に行を挿入」を選択する (図 A1-9).

　$\vec{a}$ を入力するには, アクセントテンプレートから「右向き矢印（上）」を選
択 (図 A1-10) すればよい.

　平均 $\bar{x}$ や補集合 $\bar{A}$ などに使われる上線もアクセントテンプレートから入力
することができる.

　行列は, 行列テンプレートから「かっこ付き行列」から丸括弧の 2×2 行列
を選択する (図 A1-11).

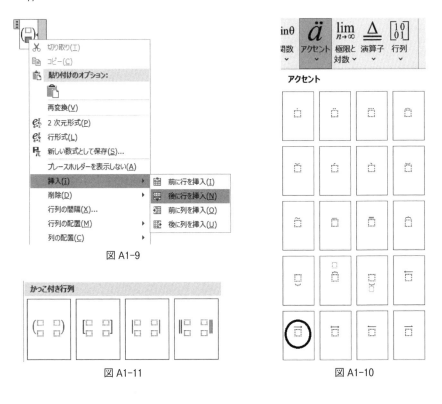

図 A1-9

図 A1-11

図 A1-10

A2 マイクロソフト数式ソルバー (Math Solver)

マイクロソフト数式ソルバーは，数式処理機能とグラフ描画を備えた無
償の統合数学ソフトである．基本的利用法を概説する．

A2.1 数式ソルバーの起動

インターネット接続状態でマイクロソフト Edge を起動し，「設定など」メ
ニュー（図 A2-1a）から「その他のツール」メニュー（図 A2-1b）を表示する．
ここで「数式ソルバー」を選択すると現れる数式ソルバーの起動画面（図
A2-1c）で「数学の問題の入力」を選択すると，図 A2-2 の数式ソルバーの画面
となる．

なお，図 A2-1c で「数学の問題の選択」をすると，ブラウザで表示されて

図 A2-1a

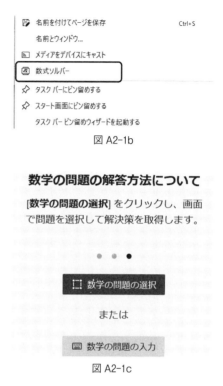

図 A2-1b

数学の問題の解答方法について

[数学の問題の選択] をクリックし，画面で問題を選択して解決策を取得します。

● ● ●

　数学の問題の選択

または

　数学の問題の入力

図 A2-1c

いる数式を範囲選択することにより，グラフ描画や数式処理を行うことができる．

　図 A2-2 の(1)〜(7)はソフトウェアキーボードの切り替えメニューで，(2)は基本関数，(3)は三角関数，(4)は微積分や数列の和，(5)は統計，(6)は線形代数，(7)は文字キー（ギリシャ文字を一部含む）である．

　図 A2-2 の(8)は「解決する」ボタンで，これをクリックすることで計算が行われる．

　Edge のツールバーに数式ソルバーアイコンを常に表示することができる．図 A2-2 の(9)（その他のオプション）をクリックすると図 A2-3 のようなメニューが現れる．ここで「ツールバーに数式ソルバーを常に表示する」を選択することで，数式ソルバーを簡単に起動できるようになる．

　以下の説明で図 A2-2 のテンキーの左側にある演算ボタンを示す場合，［2乗ボタン］，［分数ボタン］のように［　］で表すものとする．

図 A2-2

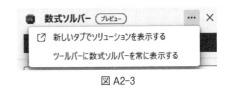

図 A2-3

A2.2　式の計算と方程式・不等式

A2.2.1　式の入力と計算

　数式ソルバーは，文字式の計算を行うことができる．簡単な計算は式を入力して「解決する」ボタンを押すことで結果が得られる．

　数式入力欄に「ここに数学の問題を入力」と表示されている場合は，数式入力欄をクリック後，式を入力する．PC のキーボードからの入力が受け付けられない場合は数学キーボードから入力する．

　x^2 を入力する場合，x，［2乗ボタン］と入力する．数式エディタとは異なり，先に式の構造を作る必要はない．

　ソフトウェアキーボードは「数学キーボード」ボタンを押すことで現れる．

　式のコピー，ペースト，カットはそれぞれ，CTRL＋C，CTRL＋V，CTRL＋X で行うことができる．

　式を入力するとグラフも表示される．

　数式ソルバーペインを拡大・縮小したい場合，「その他のオプション」メニューから「新しいタブでソリューションを表示する」を選択し，表示されたタブで CTRL＋"＋"，CTRL＋"－" と入力すればよい．

【演習 A2-1】　第 1 章式(1.3)〜(1.6)の指数の演算則について，左辺から

右辺への式変形を確かめよ．

A2.2.2　方程式と不等式

　方程式を解くには，式を入力後，「解決する」ボタンまたは"Enter"とする．「解答の手順の表示」をクリックすることで，詳細説明が現れる．なお，二次方程式は，判別式が負の場合，複素数解が示される．

　不等式を解くには，式を入力後，「解決する」ボタンまたは"Enter"とする．各種の不等号は，数学キーボード（**図A2-2**）の(2)基本関数から入力できる．

例題 A2-1　次の例題・問題を数式ソルバーで解け
(1)　問題 1-12(1)　　　　(2)　問題 1-11(1)　　　　(2)　例題 1-4(1)

［解］
(1)　方程式を入力し，「解決する」ボタンまたは"Enter"とすることで解が得られる（図省略）．
(2)　連立方程式は，方程式を"，"で区切って並べて入力する（**図1**）．「解決する」ボタンまたは"Enter"とすることで解が得られる．**図1**のグラフの交点が連立方程式の解である．
(3)　連立不等式は，連立方程式同様，不等式を"，"で区切って並べて入力（**図2**）し，「解決する」ボタンまたは"Enter"とすることで解が図示される．（**図3**）．

　なお，「この式には解答がありません。」と表示されることがあるが，**図3**は解を正しく表示している．

【演習 A2-2】　以下の問題を数式ソルバーで解け．
(1)　問題 1-12(2)　　　　(2)　問題 1-11(2)　　　　(3)　問題 1-10(1)

A2.3　微　積　分
A2.3.1　微分および2次導関数
　1文字の式を入力して「解決する」ボタンを押すだけで導関数が示される（**図A2-4**）．

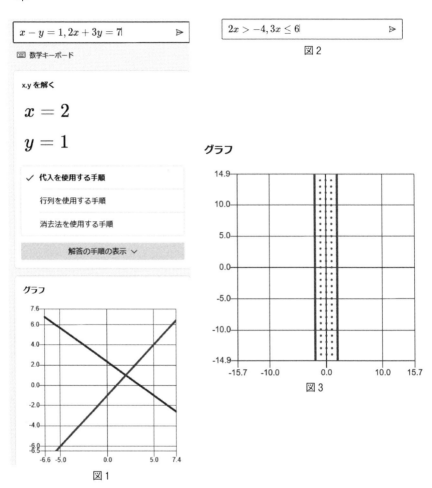

$x - y = 1, 2x + 3y = 7$

数学キーボード

x,y を解く

$x = 2$

$y = 1$

✓ 代入を使用する手順

　行列を使用する手順

　消去法を使用する手順

解答の手順の表示 ∨

グラフ

図 1

$2x > -4, 3x \leq 6$

図 2

グラフ

図 3

　微積分メニューを表示するには，図 A2-2 の(4)（微積分ボタン）をクリックする（図 A2-5）.

　x による微分であることを明示して導関数を求めるには，図 A2-5 の(1)（微分ボタン）をクリックし，関数を入力する．二次導関数も同時に計算される（例題 A2-2 参照）.

　微分する変数が x ではない場合，図 A2-5 の(2)のボタンをクリックし，微分する変数を入力する.

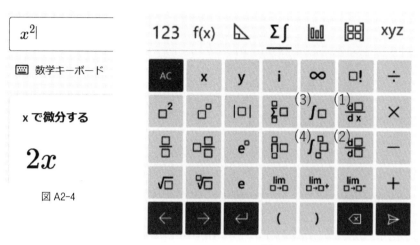

$x^2|$

⌨ 数学キーボード

x で微分する

$2x$

図 A2-4

図 A2-5

例題 A2-2　次の関数を微分せよ．また 2 次導関数も求めよ．

(1)　x^3　　　　　　(2)　p^4　　　　　　(3)　$\dfrac{1}{t}$

[解]

(1)　図 1 参照　　　　(2)　図 2 参照　　　　(3)　図 3 参照

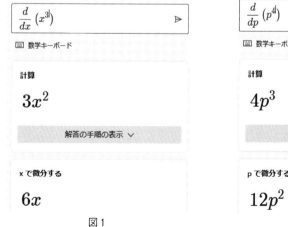

$\dfrac{d}{dx}\left(x^3\right)$　　　　▷

⌨ 数学キーボード

計算

$3x^2$

解答の手順の表示 ∨

x で微分する

$6x$

図 1

$\dfrac{d}{dp}\left(p^4\right)$　　　　▷

⌨ 数学キーボード

計算

$4p^3$

解答の手順の表示 ∨

p で微分する

$12p^2$

図 2

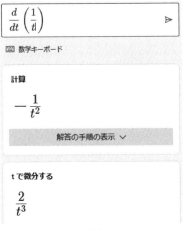

図3

【演習 A2-3】 例題 6-6 を確認せよ.

【演習 A2-4】 例題 6-7 を確認せよ.

A2.3.2 積 分

不定積分は図 A2-5 の(3), 定積分は(4)のボタンで計算することができる. なお, 既知の不定積分・定積分の全てを数式ソルバーが与えるわけではない.

例題 A2-3 x^2 の不定積分を求めよ.

［解］

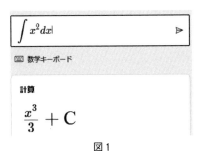

図1

図1参照

【演習 A2-5】　例題 6-12 を確認せよ.

【演習 A2-6】　例題 6-13 を確認せよ.

例題 A2-4　半径 1 の円の面積が π であることを，定積分することで求めよ.

［解］
半径 1 の円の方程式は $x^2+y^2=1$ であるが，$y \geq 0$ では

$$y=\sqrt{1-x^2}, \quad -1 \leq x \leq 1$$

と表される（図1）. この関数と x 軸で囲まれる半円の面積は，

$$\int_{-1}^{1}\sqrt{1-x^2}\,dx=\frac{\pi}{2}$$

である（図2）. よって円の面積はこの 2 倍，即ち π である.

A2.3.3　偏 微 分
　1 次の偏導関数は図 A2-4 の(2)のボタンをクリックし，微分する変数を入力

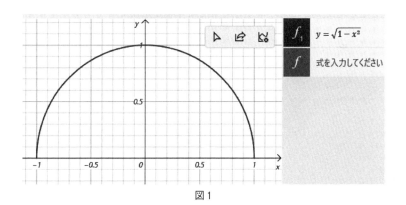

図1

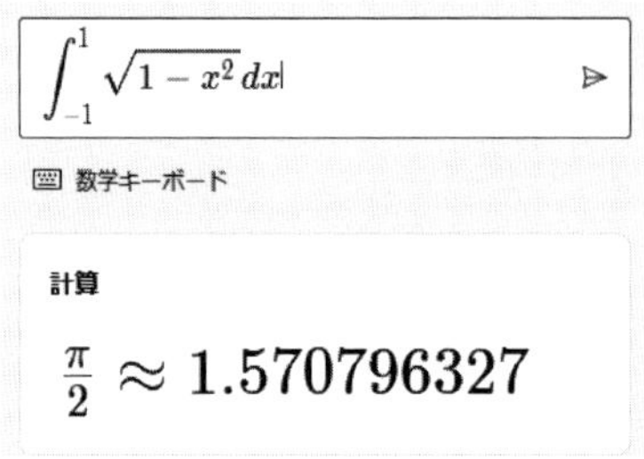

$$\int_{-1}^{1} \sqrt{1 - x^2}\, dx|$$

▷

⌨ 数学キーボード

計算

$$\frac{\pi}{2} \approx 1.570796327$$

図2

することで計算することができる．2次の偏導関数は，微分記号を続けて入力することで計算することができる．なお，数式ソルバーは ∂ も d で表す．

例題 A2-5　例題 6-17(2)を確認せよ．

［解］
図1〜6参照

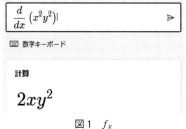

図1　f_x

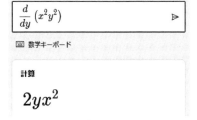

図2　f_y

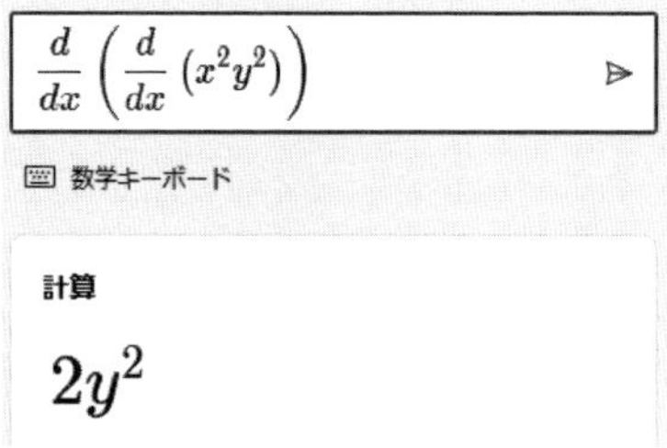

$$\frac{d}{dx}\left(\frac{d}{dx}\left(x^2 y^2\right)\right)$$

▷

⌨ 数学キーボード

計算

$$2y^2$$

図3　f_{xx}

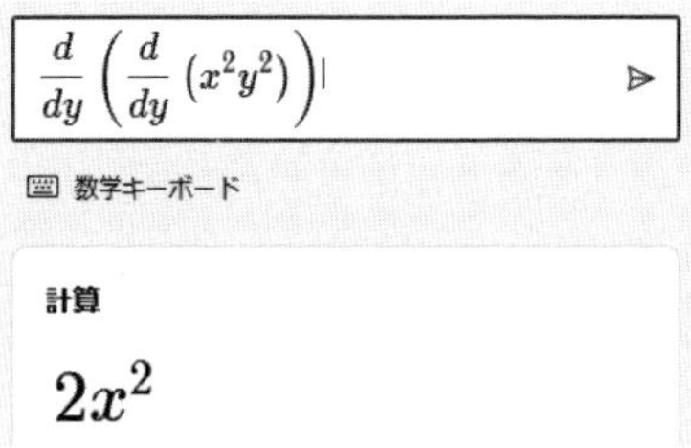

$$\frac{d}{dy}\left(\frac{d}{dy}\left(x^2 y^2\right)\right)|$$

▷

⌨ 数学キーボード

計算

$$2x^2$$

図4　f_{yy}

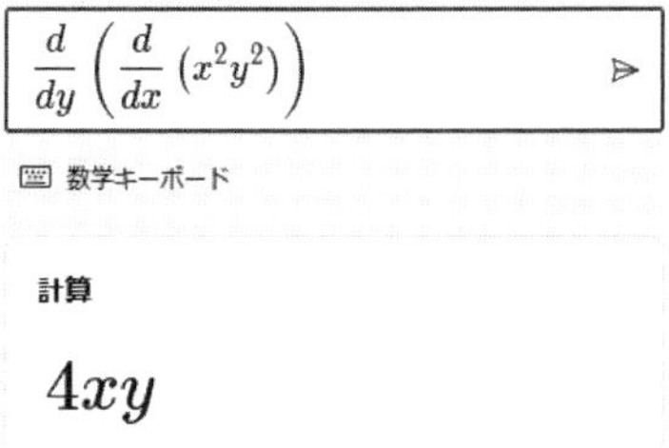

$$\frac{d}{dy}\left(\frac{d}{dx}\left(x^2y^2\right)\right) \qquad\qquad \triangleright$$

⌨ 数学キーボード

計算

$$4xy$$

図5　f_{xy}

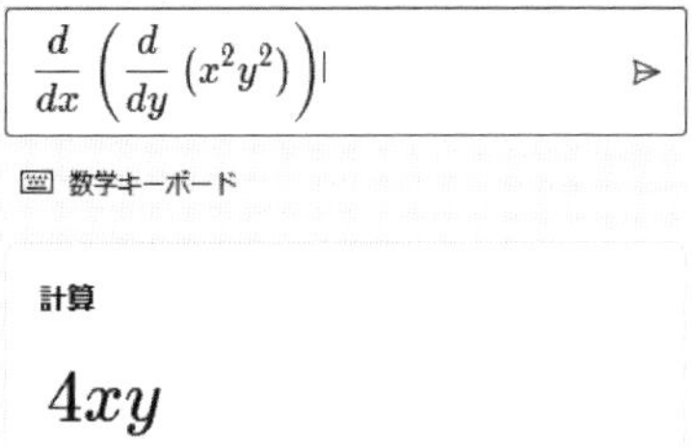

$$\frac{d}{dx}\left(\frac{d}{dy}\left(x^2y^2\right)\right)| \qquad \triangleright$$

⌨ 数学キーボード

計算

$$4xy$$

図6　f_{yx}

【演習 A2-7】　例題 6-17 (3), (4) を確認せよ.

A2.4　線形代数

　ベクトル・行列を数式ソルバーで扱うには,数学キーボードで図 A2-2 の (6) をクリックして線形代数メニューを表示する(図 A2-6). (1) のボタンをクリックするとベクトル・行列の括弧が入力される. 縦ベクトルは (2) または (5) のボタン, 横ベクトルは (3) または (4) のボタンをクリックすることで入力欄が増加する. 行列は,縦ベクトルを作った後で (3) または (4) のボタンをクリックすればよい. "-row" ボタンは行を減らし, "-col" ボタンは列を減らす際に用いる.

　行列・ベクトルの加減および実数倍は,式を入力後,「解決する」ボタンを押す. 行列とベクトルの積,行列同士の積も同様である. 行列のべき乗は,ス

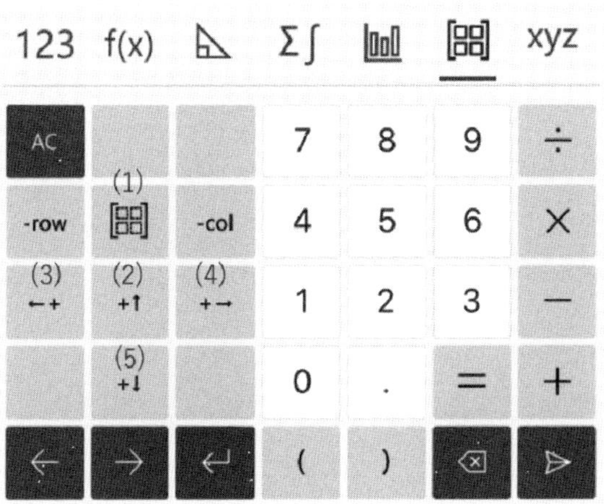

図 A2-6

カラーのべき乗と同様，行列を入力後，指数を入力すれば良い．

【演習 A2-8】 以下を確認せよ．
(1) 例題 7-1(1) (2) 例題 7-4(1) (3) 式(7.11) (4) 式(7.17)

ベクトルの内積は，行ベクトルと列ベクトルの積として表す（例題 7-8(3)参照）．

例題 A2-6 $\begin{pmatrix} 1 \\ 2 \end{pmatrix}$ と $\begin{pmatrix} 3 \\ 4 \end{pmatrix}$ の内積を求めよ．

[解]

$(1 \quad 2)\begin{pmatrix} 3 \\ 4 \end{pmatrix}$ と入力することで内積 $1 \times 3 + 2 \times 4 = 11$ が得られる．

なお，$\begin{pmatrix} 1 \\ 2 \end{pmatrix}\begin{pmatrix} 3 \\ 4 \end{pmatrix}$，$(1 \quad 2)\begin{pmatrix} 3 \\ 4 \end{pmatrix}$，$(1 \quad 2)(3 \quad 4)$ はエラーとなる．これは，行列 A，B の積は A の列数と B の行数が一致しなければ定義できないことによる．

【演習 A2-9】 例題 7-3 を確認せよ．

行列式を求めるには，行列を入力後，「解決する」ボタンを押す（図 A2-7）．

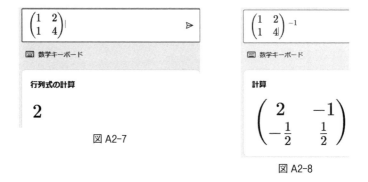

図 A2-7

図 A2-8

逆行列は，行列の -1 乗と入力後，「解決する」ボタンを押すことで得られる（図 A2-8）.

A2.5　その他の数学ソフト

その他の数学ソフトをいくつか紹介する.

⑴　マイクロソフト Mathematics

グラフ描画と数式処理の統合数学ソフトである．2 変数関数の 3D 表示が可能である．マイクロソフトの公式サイトからは 2021 年に削除されたが，オンラインソフト提供サイト（「窓の杜」等）からダウンロード可能である（本書執筆時）.

⑵　Mathematica

定評と歴史のある統合数学ソフト．高機能.

⑶　Geogebra

グラフ描画と数式処理の統合数学ソフトである．著作権上の制限があるため，このソフトを具体的に紹介することはできない.

$A3$　Windows 電卓の関数電卓機能と関数グラフィックス機能

> Windows の電卓は関数電卓機能やグラフ計算（関数グラフィックス）機能を備えている.

A3.1　関数電卓

関数電卓を利用するには，Windows の電卓（標準電卓）を起動後，ナビゲーションメニューから「関数電卓」を選択する（図 A3-1）．これにより関数電卓モードとなる（図 A3-2）.

図 A3-1

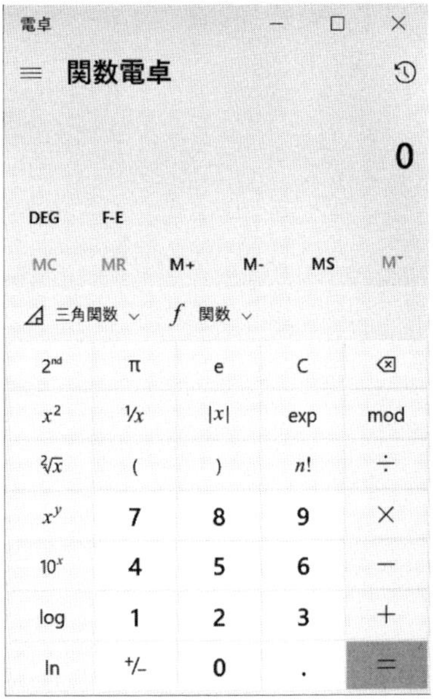

図 A3-2

例題 A3-1　Windows の関数電卓により以下の計算をせよ.

(1) 3^2 (2) 2^3 (3) 2^{-2} (4) $\dfrac{1}{1+3}$ (5) $4!$ (6) $\log e$ (7) $\log_{10}100$

[解]

電卓のボタンを $[x^2]$ のように表す. 以下のように数値とボタンを入力していく.

(1) 3, $[x^2]$

(2) 2, $[x^y]$, 3

(3) 2, $[x^y]$, (-2)

(4) 1/(1+3). または (1+3), $[1/x]$

(5) 4!

(6) e, $[\ln]$（自然対数は ln ボタン）

(7) 100, $[\log]$（常用対数は log ボタン）

　標準電卓で，加減算と乗除算が混在する式を計算する際，単に式をそのまま入力するだけでは誤った結果が出力されることがある.

　例題 A3-2　次の(1)(2)は Windows 電卓の関数電卓と標準電卓を用いて計算を行え. (3)は関数電卓で計算せよ.

(1)　$10+5\times5$　　　　　(2)　$1\times2+2\times3$　　　　　(3)　$(1+2)\times(3+4)$

なお，(1)は 1.1 節で示した例である.

［解］

(1)　関数電卓では式の通り入力すれば 35 を得る. 一方，「標準電卓」では 75 となる.

(2)　関数電卓では式の通り入力すれば 8 を得る. 一方，「標準電卓」では 12 となる.

(3)　関数電卓では式の通り入力すれば 21 を得る.

　上の例題(1)(2)で標準電卓が誤った結果を与えるのは，Windows の標準電卓では乗除算が加減算に優先する規則が適用されていないためである. 標準電卓で正しい結果を得るためには，メモリー機能を使う必要がある. 関数電卓ではメモリー機能は "(" および ")" で代替できる. 従って，Windows の電卓で四則演算が混在したり括弧を含む式を計算する際は，関数電卓を利用するとよい.

　【演習 A3-1】　上の例題の(1)(2)をスマートフォンの電卓で計算せよ.

　例題 A3-3　Window の関数電卓を用いて次の計算を行え（問題1-13 参照）.

(1)　$_5P_2$　　　　　　　　　　　(2)　$_5C_2$

［解］

(1)　$5!\div2!$ と入力すればよい.

(2) $_5C_2=\dfrac{5!}{3!2!}$ であるから，$5!\div(3!\times2!)$ と入力すればよい．

A3.2　グラフ計算

　グラフ計算は「電卓」の関数グラフィックス機能である．なお，グラフ計算は Windows10 以降の機能である．

　グラフ計算を利用するには，電卓のナビゲーションメニュー（図 A3-1）から「グラフ計算」を選択する．これによりグラフ計算モードとなる（図 A3-3）．関数電卓のキーボードとは異なり，変数 x, y を入力するボタンや不等式メニューがある．

　数式入力欄に式を入力することにより関数のグラフを描くことができる．グラフ計算における式入力は関数電卓と同様である．図 A3-3 のグラフ領域が現れない場合，グラフ電卓ウインドウの枠線をドラッグして幅を広げればよい．グラフ上で右クリックすることによりグラフをコピーできる．

図 A3-3

> **例題 A3-4**　Windows 電卓のグラフ計算機能により以下の関数のグラフを描け．(3)については，いずれの関数も $(0, 1)$ を通ることが分かるグラフとせよ．

(1)　$y=x^2-x-2$　　(2)　$y=x^2,\ y=x+2$　　(3)　$y=2^x,\ y=3^x,\ y=\left(\dfrac{1}{2}\right)^x$

[解]

(1)　数式入力欄に $y=x[x^2]-x-2$ と入力（$y=$ は省略可）し，Enter を押すと
グラフが描画される．グラフの右下の「＋」「－」ボタンによるグラフの拡
大・縮小やドラッグによるグラフ移動を行うことで**図1**のようなグラフを得る
ことができる（拡大・縮小はマウスのホイールボタンでも可能）．入力した数式にマ
ウスオンすると，**図2**のようなメニューが現れる．**図2**の(1)はグラフの分析ボ
タン，(2)は数式削除ボタンである．グラフの分析ボタンを押すと，x 切片（X
-インターセプト），y 切片（Y-インターセプト），最小値，最大値等が表示される
（**図1**右側）．

　　図1の右上のアイコンから「グラフのオプション」を選択することにより，
x 軸，y 軸の最大・最小等を設定することもできる（**図3**）．

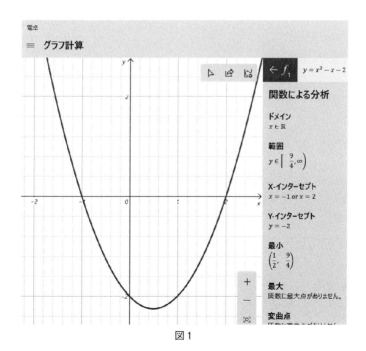

図 1

$$f_1 \qquad y = x^2 - x - 2 \qquad \text{(1)} \; \text{⚡} \qquad \text{🎨} \; \text{(2)} \ominus$$

図2

⑵　数式入力欄に $y=x[x^2]$ と入力し，次の数式入力欄に $y=x+2$ と入力する（図4）．グラフモードを調整して図5を得る．この例題の⑴で求めた x 切片の値は，⑵の2関数の交点の x 座標である．

　グラフ（および数式）を削除するには，削除したい関数の式にマウスオンして，図2の⑵の削除ボタンを押す．

⑶　数式入力欄に $y=2[x^y]x$，$y=3[x^y]x$，$y=(1/2)[x^y]x$ とそれぞれ入力する．$y=1$ 付近を拡大することにより，いずれの関数も $(0,\ 1)$ を通ることが分かる（図6）．

　グラフ計算により不等式の表す領域を図示することができる．不等号はグラ

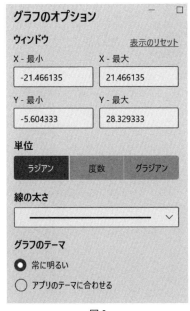

図3

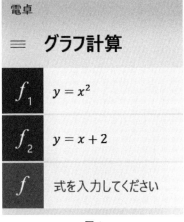

図4

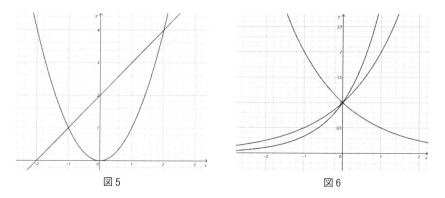

| 図5 | 図6 |

フ計算のソフトウェアキーボード（図 A3-3）の「不等式」から入力することができる.

例題 A3-5　グラフ計算により以下の連立不等式の表す領域を図示せよ.
$$\begin{cases} y > x^2 \\ y \le x+2 \end{cases}$$

[解]

　数式入力欄にそれぞれの式を入力（図1）し，"Enter"とすることで解が図示される（図2）. 境界を含む時は実線で，含まない場合は点線で表示されている.

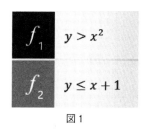

| f_1 | $y > x^2$ |
| f_2 | $y \le x+1$ |

図1

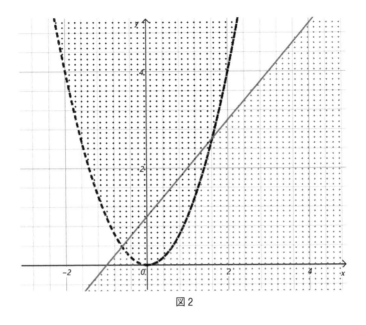

図2

例題 A3-6　グラフ計算により，$y = e^{-x^2}$ のグラフを描け.

[解]

数式入力欄に $y = e[x^y](-x[x^2])$ と入力し，グラフを調整することで次の図を得る.

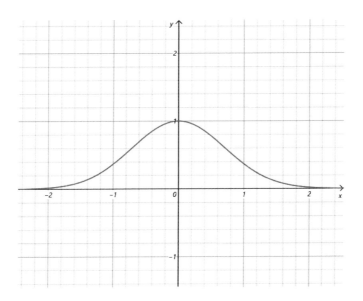

A4　Google の関数グラフィックス機能

> Google 検索ボックスに式を入力することにより式をグラフ描画することができる.

　Google には関数グラフィックス機能がある. Google で関数のグラフ描画を行うには, 検索ボックスに式を入力すればよい. 式の入力法は以下である.

(1)　べき乗は「＾」で表す.

(2)　複数の関数を一つのグラフに描画するときは, 関数を "," で区切って並べて入力する.

　描画されたグラフは, 拡大・縮小や, ドラッグによって表示を調整することができる.

例題 A4-1　次の関数を Google の関数描画機能を使って描け.

(1)　$y = x^2$　　　(2)　$y = \sqrt{x}$　　　(3)　$y = 2^x,\ y = 2^{-x}$　　　(4)　$y = e^{-x^2}$

[解]

(1)　検索ボックスに"y＝xˆ2"と入力することで，図1が得られる．

図1の「＋」「－」ボタンにより，グラフの拡大縮小ができる．また，"▸"ボタンから縦方向・横方向のズームを行うことができる．

(2)　検索ボックスに"y＝xˆ(1/2)"と入力する．図は省略する．（以下同様）

(3)　検索ボックスに"y＝2ˆx, y＝2ˆ(−x)"と入力する．

(4)　検索ボックスに"y＝eˆ(−xˆ2)"または"y＝exp(−xˆ2)"と入力する．

Google では2変数関数の3Dグラフィックスも可能である．ただし，WebGL がサポートされているパソコンのブラウザ向けである．

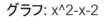

グラフ: x^2-x-2

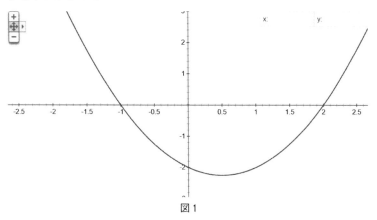

図1

例題 A4-2　次の関数を Google の関数描画機能を使って描け．

(1)　$z＝x^2＋y^2$　　　　　　　　(2)　$z＝e^{-(x^2+y^2)}$

[解]

(1)　検索ボックスに"z＝xˆ2＋yˆ2"と入力する．これにより図1が得られる．

(2)　検索ボックスに"z＝exp(−(xˆ2＋yˆ2))"と入力する．これにより図2が得られる．

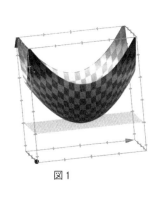

図1

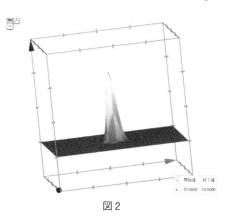

図2

A5　数学のための Excel の基本事項

A5.1　Excel における文字列としての数式入力

Excel において数式を文字列として入力する方法を簡単に説明する.

Excel では，各セル毎に文字列として数式を入力することができる．Word と同様，文字単位で書式設定を行うことで，指数も表現することができる.

Excel では，セルに文字として「1/2」と表示したい場合，そのまま「1/2」と入力すると，日付や小数で表わされる場合がある．また，セルに「(1)」と表示したい場合，そのまま「(1)」と入力すると −1 が入力されてしまう．このような場合，次の方法で文字として入力できる.

（方法1）アポストロフィ "'" を付けて，「'1/2」「'(1)」と入力する.

（方法2）セルの書式設定を「文字列」に変更し，その後「1/2」「(1)」と
　　　　入力する.

ここで，「　」はセルに入力しない.

A5.2　Excel における計算式の入力

計算式は，"＝" に続けて記す.

セルに式をキーボードから直接入力する場合，式の先頭に「＝」を付ける.

例えば，A1 のセルの値と B1 のセルの値の差を計算したい場合，

$$\text{``}=A1-B1\text{''}$$

と入力する．単に "A1－B1" と入力すると，文字列として扱われる．

　関数の入力方法はいくつかある．

　第 1 の方法は，「Σオート SUM」ボタンのプルダウンメニューを使うことである（図 A5-1）．基本的な関数はここから直ちに呼び出せる．それ以外の関数は「その他の関数」から呼び出す．

　第 2 の方法は，数式入力欄の「fx」ボタンを押すことである（図 A5-2）．図 A5-1 で「その他の関数」を選んだときも図 A5-2 のようになる．「関数の分類」で「数学/三角」「財務」等のジャンルを選び，「関数名」の一覧から目的の関数を選択すればよい．

　第 3 の方法は，"=" に引き続いて，セルに直接関数を入力することである．引数が少ない関数はセルに直接入力すると効率的であろう．ここで引数とは，$f(x)$ の変数 x に相当するものである．次に示す POWER 関数の場合，引数が 2 つある．

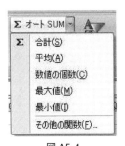

図 A5-1

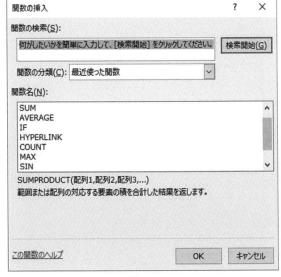

図 A5-2

　Excel では掛け算は "＊"，割り算は "／"，べき乗は "＾" または POWER 関数を使う．POWER 関数は数学関数に分類されている．書式は以下である．

$$\text{POWER}(底, 指数)$$

例えば 2^4 は

$$"=\text{POWER}(2, 4)"$$

と入力することで計算できる．

　例題 A5-1　次の表は，ある米穀店における米の品種毎の前年度と今年度の売上高を示したものである．Excel を用いて，前年度に対する伸び率を品種毎に求めよ．

	A	B	C	D	E
1	米の品種別売上				
2					
3	品種	前年度	今年度	伸び率	判定
4	コシヒカリ	500	540		
5	ひとめぼれ	100	110		
6	日本晴	20	20		
7	ミルキークィーン	20	25		

［略解］
　第1章式(1.1)より，コシヒカリの伸び率は次のように計算される．

$$D4 : "=C4/B4-1" \quad または，\quad "=(C4-B4)/B4"$$

【演習 A5-1】　問題 1-3 を Excel を使って解け．

コラム A-1　相対参照・絶対参照・複合参照

　相対参照は標準のセル番地参照形式で，"C3" のような形式である．式中に相対参照で指定されたセル番地がある場合，この式を他のセルにコピーしたとき，自動的にセル番地が付け替わる．
　絶対参照とは，"$C$3" のように列名と行番号に＄を付ける形式である．式

268

中に絶対参照で指定されたセル番地がある場合，この式を他のセルにコピーしても，絶対参照のセル番地は変わらない.

　複合参照とは，"C\$3"，"\$C3"のように行番号または列名のみに\$を付ける形式である．式中に複合参照で指定されたセル番地がある場合，この式を他のセルにコピーしたとき，\$の付いていない列名または行番号のみが付け替えられ，\$の付いている行番号または列名は変わらない.

　相対参照・絶対参照・複合参照の指定法は，キーボードから直接入力する以外に，F4 を押していくやり方がある.

A5.3　Excel でべき乗を計算する際の注意事項

　指数の計算は優先的に行わなければならないので，"＾" を用いて指数を書く際，指数部が計算式になっている場合は括弧を用いる必要がある.

例題 A5-2　2^{2+1} を Excel の計算式で表せ.

［誤答例］

　　　　"＝2＾2+1"

これは，

　　　　$2^2+1=4+1=5$

であるから誤りである.

［解］

　　　　"＝2＾(2+1)"

または，

　　　　"＝POWER(2, 2+1)"

　Excel で負の数のべき乗を計算する場合は注意が必要である.

コラム A-2　　$-2^2=4$?

> $-2^2=-4$ であるが，Excel で "$=-2\hat{}2$" と入力して計算すると 4 が出力される（本書執筆時）．この問題を回避するためには，"$=-\text{POWER}(2,2)$" と入力するか，"$=-(2\hat{}2)$" と入力する．後者の括弧は本来不要である．

　POWER 関数は指数が負の数でも分数でも適用でき，汎用性があるので，べき乗の計算は POWER 関数の利用を勧めたい．

【演習 A5-2】　次の計算を，手計算，関数電卓，Excel でそれぞれ行え．

(1)　-3^2　　　(2)　$2^2\times2^{-3}$　　(3)　$2^2\div2^3$　　(4)　$(2^{-2})^3$　　(5)　$\left(\dfrac{1}{2}\right)^{-2}$

A5.4　分数の表示と入力
　　セルに数値としての分数を表示・入力する方法を説明する．
　小数を分数表示する場合は，セルの書式設定から分数を選ぶ．例えば，0.2（=1/5）を分数表示するには，以下のような操作を行う．

　　　　　　セルの書式設定→表示形式→分数→一桁増加

　0.1（=1/10）を分数表示するには，上の操作の最後で「二桁増加」を選ぶ．0.01（=1/100）を分数表示するには，上の操作の最後で「三桁増加」を選ぶ．
　セルに分数を直接入力するには，"0" の後に半角の空白を入力し，引き続き分数を入力する．例えば 1/5 を入力するには，"0 1/5" と入力する．
　ただし，分母分子の数値の桁数が大きくなると分数表示はできなくなる．

A5.5　Excel で関数のグラフ描画を行う際の注意事項
　関数の数表を Excel で描画する際は，散布図を選択することが推奨される．これは，散布図は縦軸・横軸とも数値として扱われるためである．なお，関数においては各点は調査データや観測値ではなく，誤差を含まない正確な値であるため，データポイントのマーカーは原則として付けない．
　次の例題で，折れ線グラフと散布図の比較を行う．

例題 A5-3　図1の数表で示された関数のグラフを，Excel の
(1)　折れ線グラフ，(2)　散布図　でそれぞれ描け．

	A	B
1	x	y
2	0	0
3	1	2
4	2	4
5	3	6
6	3.5	7
7	4	8
8	4.5	9
9	5	10

図1

[略解]
(1)　折れ線グラフは，図2のようになる．この図を見ると，$x=3$ を境にして
　　グラフが折れ曲がっている．しかし，それは正しくない．
　　　実は図1で与えた表は，関数 $y=2x$ で，$x=3$ を境にして x の刻みを変え
　　たものである．従って，グラフは一直線でなければならない．
(2)　同じ表を，散布図でデータポイントを直線で結んだもので描くと，図3の
　　ように正しく直線のグラフが得られる．

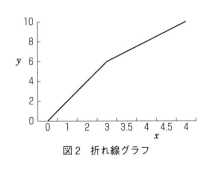

図2　折れ線グラフ

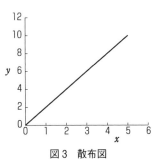

図3　散布図

　散布図では縦軸も横軸も数値として扱われるため，一部の区間で x の刻み幅
が変化しても見かけが変化することはない．
　一方，折れ線グラフは棒グラフと同様，横軸はラベル（文字列；定性的なもの）
であり，等間隔に取られる．例題 A5-3 図2 では横軸は数値のように見えるが，

実際には文字として扱われている.

　統計資料の中には, 最近は毎年データがあっても, ある年次以前はデータが5年毎, 10年毎にしかないものがある. そういったデータ間隔が不均一なデータをグラフ化する場合, 折れ線グラフや棒グラフを使うと傾向を見誤る危険性がある.

　関数のグラフに数式エディタで数式を入力するには, グラフ編集の状態で以下の操作を行う.

「挿入」
→「テキスト」の「テキストボックス」
→数式を入力したい場所をクリック
→「挿入」
→「数式」

【演習 A5-3】　例題 A5-3 の Excel で描いたグラフについて, 関数の式 "$y=2x$" を数式エディタでグラフ中に記入せよ.

A5.6　Excel による論理演算

　Excel の論理関数には, AND 関数, OR 関数, NOT 関数, IF 関数等がある. 書式は以下である.

AND(論理式 1, 論理式 2, …)
OR(論理式 1, 論理式 2, …)
NOT(論理式)
IF(条件式, 条件が真の場合の処理, 条件が偽の場合の処理)

IF 関数は条件の真偽によって分岐処理を行う関数である. プログラム言語風に書くと, IF 関数は, 次の構文と同じである.

```
if (論理式) then
    真の場合の処理
else
    偽の場合の処理
end if
```

　IF 関数の引数で文字列を扱う時には " で囲う. 空白は "" である. 例えばセ

ル A1が 5 以上ならA，5 未満なら空白セルとする場合は，以下のように記述する．

$$``=IF(A1>=5,''A'',''\,'')''$$

IF 関数の引数に，IF 関数を記述することができる．これによって，多重に分岐する条件判断を行うことができる．

例題 A5-4

(1) 例題 A5-1 の売上表（図 1）において，D4：D7 に得られた伸び率について，伸び率が正なら "A"，0 以下なら "B" と E4：E7 に表示せよ．

	A	B	C	D	E
1	米の品種別売上				
2					
3	品種	前年度	今年度	伸び率	判定
4	コシヒカリ	500	540		
5	ひとめぼれ	100	110		
6	日本晴	20	20		
7	ミルキークィーン	20	25		

図 1

(2) (1)において，伸び率が 20％以上なら "A"，10％以上 20％未満なら "B"，10％未満なら "C" と F4：F7 に表示せよ．ただし，AND 関数を用いず IF 関数のみで計算せよ．

(3) (2)において，「10％以上 20％未満」については AND 関数を用いた式を G4：G7 に表示せよ．

［略解］

(1) セルに次のように入力し，式を複写すればよい．

$$E4：``=IF(D4>0,''A'',''B'')''$$

なお，例題 2-2 で示したように，伸び率が正ではない場合，伸び率が 0 または負であるかどうか判定する必要はない．

(2) セルに次のように入力し，式を複写すればよい．

$$F4：``=IF(D4>=0.2,''A'',IF(D4>=0.1,''B'',''C''))''\qquad ①$$

あるいは，

　　　　　F4 : "=IF(D4<0.1,"C",IF(D4<0.2,"B","A"))"

なお，上の IF 関数①の記述は，フローチャートで図2のように表わされる．

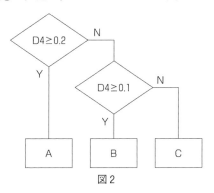

図2

(3)　セルに次のように入力し，式を複写すればよい．

　　　　　G4 : "=IF(D4>0.2,"A",IF(AND(D4>=0.1,D4<0.2),"B","C"))"

参 考 文 献

（＊）を付けたものは私が担当した講義・授業で教科書として指定した経験がある
ものである．

全般に参考にしたものは次の［1］-［8］である．

［1］　永尾汎・高橋陸男・石井恵一・落合豊行・川中宣明・佐藤正次・八木克巳・
　　鷲原雅子『改訂版　精説高校数学』1-4巻（数研出版，2007年）.
　　教科書スタイルの書籍で，高校数学の単元を，ジャンル毎にまとめてある．

［2a］　橘謙・岸吉堯・名倉嘉尊編著『大道を行く高校数学（代数・幾何編）』（現代
　　数学社，2001年）.

［2b］　安藤洋美・山野熙『大道を行く高校数学（解析編）』（現代数学社，2001年）.

［2c］　安藤洋美『大道を行く高校数学（統計数学編）』（現代数学社，2001年）.
　　大学受験参考書であるが，高校数学と大学での数学の接続を意図した数学書でも
　　ある．高校数学の教育実践に基づいている．［2a］は私の高校時代の恩師である橘
　　謙先生の編著書．本書のベクトルの導入法は［2a］の手法に倣っている．

［3a］　遠山啓『数学入門（上）』（岩波書店〔岩波新書〕，1960年）.

［3b］　遠山啓『数学入門（下）』（岩波書店〔岩波新書〕，1960年）.
　　抽象的になりがちな数学を，自然・社会との関係や歴史等と絡めて丁寧に解説し
　　た良書．橘謙先生に勧められて学生時代に読んだものであるが，本書執筆の際も
　　大いに参考になった．

［4］　白田由香利『悩める学生のための経済・経営数学入門』（共立出版，2009年）.
　　高校数学のレビューから始め，経済数学・経営数学へと導いていく良書．ドリル
　　が充実しており，数学力を付けることができる．

［5］（＊）　川久保勝夫『入門ビジュアルサイエンス　数学のしくみ』（日本実業出版
　　社，1992年）.
　　イメージや意味を理解するのに適している．

［6］（＊）　岡太彬訓・後藤兼一『オペレーションズ・リサーチ　経営科学入門』（共
　　立出版，1987年）.
　　懇切丁寧な入門書．在庫管理問題は特に参考にさせていただいた．

［7a］（＊）　大澤豊・田中克明『経済・経営分析のための Lotus 1-2-3 入門』（有斐閣，
　　1990年）.

［7b］　田中克明『経済・経営分析のための EXCEL 入門』（有斐閣，1997年）.

経済・経営データ分析入門と表計算ソフト入門を兼ねた良書.
［8］　神足史人『Excel で操る！ここまでできる科学技術計算』（丸善，2009 年）.
Excel の行列演算等，参考にさせていただいた．著者のウェブサイトも参考になる.

各章または節に関して参考にした文献は次の［9］-［14］である.
第1章 1.11 節
［9］　『大学への数学』シリーズ（東京出版）.
数学のおもしろさを学べる受験数学書.
第2章 2.3 節
［10］　野矢茂樹『新版　論理力トレーニング』（産業図書，2006 年）第7章.
論理学の分かりやすいテキスト.
第8章
［11］　柴田文明『確率・統計』（岩波書店，1996 年）.
理論的に明快な数理統計のテキスト.
［12］　東京大学教養学部統計学教室『統計学入門』（東京大学出版会，1991 年）.
基本事項が丁寧に記述されている.
［13］　福井幸男『知の統計学』（共立出版，1995 年）.
社会・経済の事例が豊富で，概念も分かりやすく説明されている.
［14］（＊）　金森雅夫他『系看基礎4　統計学　第6版』（医学書院，2002 年）.
数学的厳密さを求めず，統計を使う立場に立って書かれた書物.

上記以外で，文中で引用を示した文献は以下である.
［15］　一松信・竹之内脩編『改訂増補　新数学辞典』（大阪書籍，1991 年）.
［16］　山崎好裕『おもしろ経済数学』（ミネルヴァ書房，2006 年）p.6.
［17］　日本数学会『岩波数学辞典第4版』（岩波書店，2007 年）.
［18］　巌佐庸『数理生物学入門』（HBJ 出版局，1990 年）p.5（現在の版元は共立出版）.
［19］　涌井良幸・涌井貞美『ディープラーニングがわかる数学入門』（技術評論社，2017 年）.
［20］　青木繁伸「Excel は，コンピュータ・ソフトウェアの三種の神器のようになっていますが，とんでもないこともあるというお話.」（2010/08/26 採録）.
http://aoki2.si.gunma-u.ac.jp/Hanasi/excel/index.html

問 題 略 解

第 1 章

問題 1-1 (1) $\dfrac{150-50}{50}-1$

(2) 既婚者を含めたこの世代の人数を A 人とする．ある年の未婚者の人数は $0.3A$，5年後の未婚者の人数は $0.27A$ であるから求める割合は $\dfrac{0.3A-0.27A}{0.3A}=0.1(10\%)$

(注) $30-27=3\%$ とすると，これは既婚者も含めた人数の中での割合の計算であるから誤りである．なお，この問題は週刊 SPA!（扶桑社）2011 年 12 月 19 日発売号の記事を元にしており，上記の誤りもその記事の計算法である．

問題 1-2 (1) $\dfrac{5}{4}$ (2) $\dfrac{3}{8}$ (3) $\dfrac{1}{3}$ (4) $\dfrac{4}{3}$ (5) $\dfrac{1}{6}$

問題 1-3 (1) 4/(3−1) (2) (3+5)/4 (3) 1/2 * 3/4 (4) 2/(3 * 2) (5) 1/2/(3/4)

問題 1-4 (1) $\dfrac{2}{(x-1)(x+1)}+1$ (2) $\dfrac{1}{x}$ (3) $\dfrac{y}{2x}$

問題 1-5 (1) 3 (2) $\dfrac{2}{3}$ (3) $\dfrac{6}{ab}$

問題 1-6 (1) 2/(2/3) (2) 1/2/(3/4) (3) $2a/b^2/(a^2/3b)$

問題 1-7 (1) $\dfrac{1}{8}$ (2) $\dfrac{1}{4}$ (3) $\dfrac{1}{2}$ (4) 1 (5) 1 (6) $\dfrac{1}{2}$ (7) $\dfrac{1}{4}$ (8) $\dfrac{1}{8}$

問題 1-8 (1) 0.001 (2) $\dfrac{1}{81}$ (3) a^5 (4) a^2 (5) $a^{-1}\left(=\dfrac{1}{a}\right)$ (6) $a^{-1}\left(=\dfrac{1}{a}\right)$

(7) a^6 (8) $a^{-6}\left(=\dfrac{1}{a^6}\right)$ (9) $\dfrac{1}{a^5}$ (10) a^4 (11) a^2 (12) $\dfrac{a^4}{b^2}$ (13) $\dfrac{b^6}{a^3}$ (14) $\dfrac{1}{a^2}$

問題 1-9 (1) $x\leq 3$ (2) $x>-\dfrac{1}{3}$ (3) $x\leq -\dfrac{3}{2}$ (4) $x>10$

問題 1-10 (1) $x\geq \dfrac{3}{2}$ (2) $-\dfrac{2}{3}<x\leq 4$

問題 1-11 (1) $x=\dfrac{11}{3}$, $y=\dfrac{1}{3}$

(2) $ad-bc\neq 0$ のとき $x=\dfrac{d\alpha-b\beta}{ad-bc}$, $y=\dfrac{-c\alpha+a\beta}{ad-bc}$. $ad-bc=0$ のとき不定.

問題 1-12 (1) $x=2, 3$ (2) $x=\dfrac{1}{2}, -1$ (3) 実根なし

(4) $x=\dfrac{-1\pm\sqrt{7}}{2}$

問題 1-13　(1) 120　(2) 20　(3) 10

問題 1-14

(1) $(1-0.4)(1-0.3)(1-0.2)=0.336(33.6\%)$

(2) 少なくとも1校合格する確率＝1－全て不合格の確率＝$1-0.336=0.664(66.4\%)$

問題 1-15　約32%

[第2章]

問題 2-1　(1) 魚を週3回以上食べ，かつ肉を週3回以上食べる人の集合

(2) 魚を週3回以上食べるか，または肉を週3回以上食べる人の集合

(3) 魚を食べるのが週3回未満の人の集合

(4) 魚を食べるのが週3回未満，または肉を食べるのが週3回未満の人の集合

(5) 魚を食べるのが週3回未満で，かつは肉を食べるのが週3回未満の人の集合

(6) (5)と同じ

(7) (4)と同じ

(8) 魚を週3回以上食べ，かつ肉を食べるのが週2回以下の人の集合

問題 2-2　(1) 例えば，$a=-2$, $b=-1$　(2) 例えばカモノハシ

問題 2-3　(1) $x\leq0$ または $x\geq5$　(2) $5\leq x\leq8$

問題 2-4　(1) 女性の中には甘い物が好きでない人がいる．

(2) 文系の人の中には数学が得意な人がいる．

(3) 大学生は皆，勉強が好きだ．

(4) 関西人の中にはたこ焼きが好きでない人がいる．

問題 2-5

[略解] 成立しない．

　犬を全体集合とするとき，よく吠える犬の集合と弱い犬の集合の包含関係は図のようになる．「よく吠える犬」の集合の部分集合は，「弱い犬」だけではない（例えば「躾が不十分」等）．よって，シロがよく吠えるからと言って，シロは弱い犬の集合の要素であるとは言えない．

　命題として考えるなら，「弱い犬はよく吠える」「シロはよく吠える」は，

　　　　　弱い犬→よく吠える←シロ

と表せる．これから，シロ→弱い犬，とは言えない．

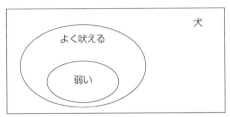

　なお，この問題は佐藤優『未来を生きるための読解力の強化書』（インプレス，2021 年）にある三段論法の例（p. 59）を元にしている．問題 2-5 の例文は三段論法として成立しないが，これはこの著者が犯している誤りである．

問題 2-6

逆：明るい人は社交的だ

裏：社交的でない人は明るくない

対偶：明るくない人は社交的ではない

問題 2-7

逆：「$x^2=4$ なら $x=2$」偽

裏：「$x \neq 2$ なら $x^2 \neq 4$」偽

対偶：「$x^2 \neq 4$ なら $x \neq 2$」真

問題 2-8　3

第 3 章

問題 3-1　均衡価格 3　均衡取引量 4

問題 3-2　(1) $y=-\dfrac{1}{2}x+1$　(2) $y=\dfrac{1}{3}x+1$　図はいずれも省略．

問題 3-3　$y=\sqrt{x-1}$　$(x \geq 1)$　図は省略．

問題 3-4　均衡価格 4　均衡取引量 2　図は省略．

第 4 章

問題 4-1

		C9	▼	f_x =C8+C$5	
	A	B	C	D	E	F
1	問題3-1					
2						
3		元金	利率			
4		1000000	0.005	0.01	0.02	0.03
5		半年利息	2500	5000	10000	15000
6						
7	期	預金期間	元利合計			
8	1	0	1000000	1000000	1000000	1000000
9	2	1	1002500	1005000	1010000	1015000
28	21	20	1050000	1100000	1200000	1300000

問題 4-2

	C8	▼	*fx* =(1+C$4/2)*C7		
	A	B	C	D	E	F
1	問題6-2					
2						
3		元金	1000000			
4		年利	0.005	0.01	0.02	0.03
5						
6	期	預金期間	元利合計			
7	1	0	1000000	1000000	1000000	1000000
8	2	1	1002500	1005000	1010000	1015000
27	21	20	1051206	1104896	1220190	1346855

問題 4-3　1,638,616 円

問題 4-4　(1) $2+2^2+2^3+2^4+2^5$　(2) $3+3^2+3^3+3^4+3^5$

問題 4-5　(1) 155　(2) $\dfrac{31}{2}$

問題 4-6　1 年後：361,655 円　3 年後：1,095,900 円　5 年後：1,844,971 円

問題 4-7　約 5200 万トン

[第 5 章]

問題 5-1　(1) 3　(2) 2　(3) 4　(4) 3　(5) 8　(6) 4

問題 5-2　(1) a^{-1}　(2) a^{-2}　(3) $a^{\frac{5}{2}}$　(4) 3

問題 5-3　(1) 22.5 %　(2) 4.1 %

問題 5-4　(1) 47 %　(2) 46 %

問題 5-5　(1)(2)は左から，-2，-1，0，1，2，3　(3)は，3，2，1，0，-1，-2

問題 5-6　(1) -3　(2) -3　(3) $\dfrac{1}{2}$　(4) 2　(5) -1　(6) $\dfrac{2}{3}$　(7) $\dfrac{3}{2}$　(8) 3

問題 5-7　約 4 倍

[第 6 章]

問題 6-1　(1) $3x^2$　(2) $-\dfrac{2}{x^3}$　(3) $\dfrac{1}{3}x^{-\frac{2}{3}}$　(4) $3x^2+6x+3$

問題 6-2

(1) 極大値 $6\sqrt{3}$　極小値 $-6\sqrt{3}$

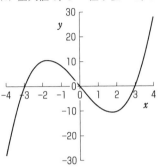

(2) 極大値 5　極小値 1

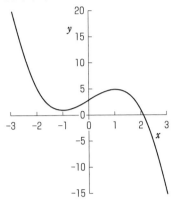

(3) 極大値 5　極小値 -27

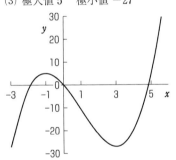

問題 6-3　(1) $12x^2$　(2) $\dfrac{2}{x^3}$

問題 6-4

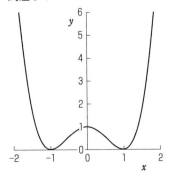

問題 6-5　(1) $3x^2$　(2) $\dfrac{-1}{(p-1)^2}$　(3) $\dfrac{-2p^2-1}{(p^3-1)^2}$　(4) $2\left(x+\dfrac{1}{x}\right)\left(1-\dfrac{1}{x^2}\right)$　(5) $\dfrac{1}{3x^{\frac{2}{3}}}$

問題 6-6

(1) $\log x+1$

(2) $(1-x)e^{-x}$

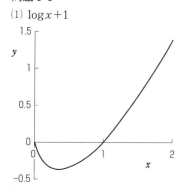 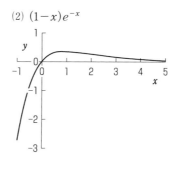

問題 6-7　$f(x)>0$ の場合を記す．$y=\log u$，$u=f(x)$ とおく．

$$\frac{dy}{dx}=\frac{dy}{du}\frac{du}{dx}=\frac{1}{u}u'$$

$$y'=\frac{u'}{u}$$

$$\therefore (\log f(x))'=\frac{f'(x)}{f(x)}$$

問題 6-8

(1) $a^x=e^{\alpha x}$，$a=e^\alpha$ とおけば，$e^{\alpha x}=1+\alpha x+\dfrac{1}{2}\alpha^2 x^2+\cdots$，ここで $\alpha=\log a$

(2) $x-\dfrac{1}{2}x^2+\cdots$

問題 6-9

(1) $f_x=2x-2y$，$f_y=2y-2x$，$f_{xx}=2$，$f_{xy}=-2$，$f_{yx}=-2$，$f_{yy}=2$

(2) $f_x=\dfrac{1}{y}$，$f_y=-\dfrac{x}{y^2}$，$f_{xx}=0$，$f_{xy}=-\dfrac{1}{y^2}$，$f_{yx}=-\dfrac{1}{y^2}$，$f_{yy}=\dfrac{2x}{y^3}$

問題 6-10

(1) $0<a<2$ のとき点 $(0,\,0)$ において極小値が存在し，極小値は 0．

(2) 点 $(0,\,0)$ において極大値が存在し，極大値は 1．

[第 7 章]

問題 7-1　(1) $(4,\,6)$　(2) $(-1,\,0)$　(3) 5　(4) 3

問題 7-2　(1) -1　(2) -2

問題 7-3 "＝SUMPRODUCT(B4：B7, C4：C7)"

問題 7-4 $\begin{pmatrix} 17 \\ 39 \end{pmatrix}$

問題 7-5 (1) 定義できない

(2) $\begin{pmatrix} 0 \\ 8 \\ 16 \end{pmatrix}$

問題 7-6

$\begin{pmatrix} \dfrac{1}{2} \\ \dfrac{\sqrt{3}}{2} \end{pmatrix}$ 図は省略.

問題 7-7

(1) $\begin{pmatrix} 3 & 4 \\ 1 & 2 \end{pmatrix}$ (2) $\begin{pmatrix} 1 & 0 \\ 0 & 1 \end{pmatrix}$

問題 7-8 (1) $(pa+qc \quad pb+qd)$ (2) 定義できない

問題 7-9 (1) $\begin{pmatrix} 3 & 4 \\ 1 & 2 \end{pmatrix}$ (2) $\begin{pmatrix} ax+by+cz \\ px+qy+rz \\ sx+ty+uz \end{pmatrix}$

問題 7-10 (1) $x=\dfrac{11}{3},\ y=\dfrac{1}{3}$ (2) $x=3,\ y=2$

問題 7-11

(1) 固有値 1 のとき固有ベクトル $\begin{pmatrix} 1 \\ -1 \end{pmatrix}$, 固有値が 3 のとき固有ベクトル $\begin{pmatrix} 1 \\ 1 \end{pmatrix}$

(2) 固有値 2 のとき固有ベクトル $\begin{pmatrix} 2 \\ 1 \end{pmatrix}$, 固有値 −3 のとき固有ベクトル $\begin{pmatrix} 1 \\ -2 \end{pmatrix}$

問題 7-12 (1) $\begin{pmatrix} 5 & 4 \\ 4 & 5 \end{pmatrix}$ (2) $\dfrac{1}{2}\begin{pmatrix} 1+3^n & -1+3^n \\ -1+3^n & 1+3^n \end{pmatrix}$ (3) $\begin{pmatrix} 5 & -2 \\ -2 & 0 \end{pmatrix}$

(4) $\dfrac{1}{3}\begin{pmatrix} 2^{n+1}+(-3)^n & 2^{n+1}-2(-3)^n \\ 2^n-(-3)^n & 2^n+2(-3)^n \end{pmatrix}$

[第 8 章]

問題 8-1 32 万 3077 円

問題 8-2 分散 $\dfrac{4}{5}$ 標準偏差 $\dfrac{2}{\sqrt{5}}$ （＝0.894427）

問題 8-3

(1)

X	0	1
P	$\frac{2}{3}$	$\frac{1}{3}$

(2)

X	0	1
P	$\frac{1}{2}$	$\frac{1}{2}$

問題 8-4　(1) $\frac{1}{36}$　(2) $\frac{11}{36}$

問題 8-5

X	0	1	2
P	$\frac{1}{4}$	$\frac{1}{2}$	$\frac{1}{4}$

期待値　1　分散 $\frac{1}{2}$

問題 8-6

X	0	1	2	3
P	$\frac{1}{8}$	$\frac{3}{8}$	$\frac{3}{8}$	$\frac{1}{8}$

期待値 $\frac{3}{2}$　分散 $\frac{3}{4}$

問題 8-7　平均 $\frac{1}{2}$　分散 $\frac{5}{12}$

問題 8-8

X	0	1	2	3	4
P	${}_4C_0\left(\frac{3}{4}\right)^4$	${}_4C_1\left(\frac{1}{4}\right)\left(\frac{3}{4}\right)^3$	${}_4C_2\left(\frac{1}{4}\right)^2\left(\frac{3}{4}\right)^2$	${}_4C_3\left(\frac{1}{4}\right)^2\left(\frac{3}{4}\right)^1$	${}_4C_4\left(\frac{1}{4}\right)^4$

平均 1　分散 $\frac{3}{4}$

索　引

数字・欧文

記　号

Excel 関数

《著者紹介》

濱　　道生（はま　みちお）

1957 年　兵庫県生まれ
1983 年　静岡大学理学部物理学科卒業
1990 年　大阪市立大学大学院工学研究科後期博士課程応用物理学専攻修了
　　　　　阪南大学商学部専任講師・助教授を経て，
現　在　阪南大学経営情報学部教授．工学博士（大阪市立大学）

著書
『Excel で学ぶ社会科学系の基礎数学　第 2 版』（晃洋書房，2017 年）

Excel と数学ソフトで学ぶ AI 時代の基礎数学

2023 年 4 月 10 日　初　版第 1 刷発行　　＊定価はカバーに
　　　　　　　　　　　　　　　　　　　　表示してあります

著　者　　濱　　　道　生ⓒ
発行者　　萩　原　淳　平
印刷者　　田　中　雅　博

発行所　株式会社　晃　洋　書　房
〒615-0026　京都市右京区西院北矢掛町 7 番地
電　話　075 (312) 0788番(代)
振 替 口 座　01040-6-32280

印刷・製本　創栄図書印刷㈱

ISBN978-4-7710-3686-4